# 木鑑

中國古代家具用材
鑑賞與研究

周默 著

商務印書館

木鑑 —— 中國古代家具用材鑑賞與研究

| 作　　者 | 周　默 |
| --- | --- |
| 責任編輯 | 徐昕宇 |
| 裝幀設計 | 涂　慧 |
| 出　　版 | 商務印書館 (香港) 有限公司 |
| | 香港筲箕灣耀興道 3 號東滙廣場 8 樓 |
| | http://www.commercialpress.com.hk |
| 發　　行 | 香港聯合書刊物流有限公司 |
| | 香港新界荃灣德士古道 220–248 號荃灣工業中心 16 樓 |
| 印　　刷 | 中華商務彩色印刷有限公司 |
| | 香港新界大埔汀麗路 36 號中華商務印刷大廈 |
| 版　　次 | 2021 年 7 月第 1 版第 1 次印刷 |

© 2021 商務印書館 (香港) 有限公司

ISBN 978 962 07 5875 1

ISBN 978 962 07 5892 8 (毛邊本)

Printed in Hong Kong

作
—
者
—
簡
—
介

周默　1960 年生，教育部人文社會科學重點研究基地北京大學美學與美育研究中心研究員、中國明清家具委員會會長。主要研究方向：中國古代家具史與美學、木材的歷史與文化。主要作品：《木鑑》、《黃花黎》、《紫檀》、《中國古代家具用材圖鑑》、《雍正家具十三年 — 雍正朝家具與香事檔案輯錄》（上、下冊）及相關論文數十篇。

# 目錄

# 序

　　《論語·八佾》有一段文字一直深植於心："哀公問社於宰我，宰我對曰：'夏后氏以松，殷人以柏，周人以栗，曰使民戰慄。'"當然，對於這一問一答有不同的解讀，尤以清代惠棟撰《九經古義》所引東漢何休的解讀為經典："夏后氏以松，殷人以柏，周人以栗。松，猶容也，想見其容貌而事之，主人正之意也。柏，猶迫也，親而不遠，主地正之意也。栗者，猶戰慄謹敬貌，主天正之意也。"由松、柏、栗而生出"主人正之意"、"主地正之意"、"主天正之意"，以樹寓意，一字如畫，夏、殷、周氣象見也。

　　木如君子。《周易》升卦（䷭），其象辭："地中生木，升。君子以順德，積小以高大。"《詩·葛覃》："黃鳥於飛，集於灌木。"《詩·伐木》："出自幽谷，遷於喬木。"《詩·巧言》："荏染柔木，君子樹之。"《論語·子罕》曰："歲寒，然後知松柏之後凋也。"《莊子·讓王》："大寒既至，霜雪既降，吾是以知松柏之茂也。"

　　木為精靈。陸機《文賦》："石韞玉而山輝，水懷珠而川媚。"《荀子·勸學》："玉在山而草木潤，淵生珠而崖不枯。"《玄中記》："百歲之樹，其汁赤如血；千歲之樹，精為青羊；萬歲之樹，精為青牛。"《抱朴子》："橫海有魚，抱大樹能語，精名靈陽。午日稱仙人者，老樹也。"

　　木生祥瑞。《藝文類聚》："《瑞應圖》曰：'木連理。王者德化洽，八方合為一家，則木連理。'一本曰：'不失小民心則生。'《孝經援神契》曰：'德至於草木，則木連理。'"《酉陽雜俎》："異木。大歷中，成都百姓郭遠，因樵獲瑞木一莖，理成字曰"天下太平"，詔藏於秘閣。""異樹。婁約居常山，據（据）禪座。有一野嫗，手持一樹，植之於庭，言此是蜻蜓樹。歲久，芬芳鬱茂。有一鳥，身赤尾長，常止息其上。"

木分陰陽。《周禮‧山虞》："山虞，掌山林之政令，物為之厲，而為之守禁。仲冬斬陽木，仲夏斬陰木。註：鄭司農云：'陽木，春夏生者。陰木，秋冬生者，若松柏之屬。'玄謂：'陽木，生山南者；陰木，生山北者。'"《本草綱目》："銀杏生江南，……其核兩頭尖，三棱為雄，二棱為雌。其仁嫩時綠色，久則黃。須雌雄同種，其樹相望，乃結實；或雌樹臨水亦可；或鑿一孔，內雄木一塊，泥之，亦結。陰陽相感之妙如此。"《洞天清異錄》："蓋桐木面陽日照者為陽，不面日者為陰。如不信，但取新舊桐木置之水上，陽面浮之，陰必沉，雖反復之再三，不易也。"《廣東新語》："廣中松多而柏少，以其地乃天之陽所在。松，陽木，故宜陽而易生。其性得木氣之正，而伏金其中，故為諸木之首，凌冬不凋。梁氏云：'松為陽而柏為陰。'松木鬆，色白而多脂，象精；柏木堅，色赤而多液，象血。精以形施，血以氣行，故松出肪而柏生香。然以類言，松似夫而柏非婦，柏得陰屬之氣勝也。似婦而為血屬者，其惟漆乎？況松文從木從公，木之公也。漆從水，水含金為女，木生火為男，亦有夫婦之義。大均謂：'柏樹向西，西方白，故字從白，金之木也。松向東，木之木也。木之木為夫，金之木為婦。金之木向陰，受月之精多，是則柏終乃松之配也。'"其書又曰："嶺南楓，多生山谷間，羅浮連亙數嶺皆楓，每天風起則楓鳴。語曰：'樫喜雨，楓喜風。'凡陽木以雷而生，陰木以風而生。楓，陰木，以風而生，故喜風，風去而楓聲不止，不與眾林俱寂，故謂之楓。"

木以鳥名。《格古要論》"鸂鶒木，出西番，其木一半紫褐色，內有蟹爪紋；一半純黑色如烏木，有距者價高。西番作駱駝鼻中絞捻，不染膩。但見有刀靶而已，不見大者。"謝惠連《鸂鶒賦》："覽水禽之萬類，信莫麗於鸂鶒。"溫庭筠《菩薩蠻》："翠翹金縷雙

— 2 —

鸂鶒，水文細起春池碧。"盧炳《清平樂》："只欠一雙鸂鶒，便如畫底屏幃。"

木以色稱。《古今註》："紫栴木，出扶南而色紫，亦曰紫檀。"《新增格古要論》："烏木，出海南、南番、雲南，性堅，老者純黑色，且脆，間道者嫩。"

木以文論。《新增格古要論》："虎斑木，出海南，其紋理似虎斑，故謂之虎斑木。""人面木，出鬱林州，春花夏實秋熟，兩邊似人面，故以名之。"《廣東新語》："有飛雲木，文如波浪到心。"

木以香別。《崖州志》："香槁，皮厚寸許，縐如蛙皮。質白氣香，雖久不蝕。"《廣群芳譜》："檀香，一名旃檀，一名真檀，出廣州、雲南及占城、真臘諸國。今嶺南諸地亦皆有之……其木並堅重清香……"《清異錄》："六尺雪檀。同光中，有舶上檀香，色正白，號雪檀，長六尺。地人買為僧坊剎竿。握君。僧繼顒住五台山，手執香如意，紫檀鏤成，芬馨滿室。繼元時在潛邸，以金易致。每接僧，則頂帽具三衣，假比丘秉此揮談，名為握君。"《舟車聞見錄》："紫榆來自海舶，似紫檀，無蟹爪紋。刳之其臭如醋，故一名酸枝。"

文木與散木。《莊子·人間世》："匠石之齊，至於曲轅，見櫟社樹。其大蔽數千牛，絜之百圍，其高臨山，十仞而後有枝，其可以為舟者旁十數。觀者如市，匠伯不顧，遂行不輟。弟子厭觀之，走及匠石，曰：'自吾執斧斤以隨夫子，未嘗見材如此其美也。先生不肯視，行不輟，何邪？'曰：'已矣，勿言之矣！散木也，以為舟則沉，以為棺槨則速腐，以為器則速毀，以為門戶則液樠，以為柱則蠹。是不材之木也。無所可用，故能若是之壽。'匠石歸，櫟社見夢曰：'女將惡乎比予哉？若將比予於文木邪？夫柤梨橘柚，果蓏之屬，實熟則剝，剝則辱；大枝折，小枝泄。此以其能苦其生者也，故不終其天年而中道夭，自掊擊於世俗者也。物莫不若是。且予求無所可用久矣，幾死，乃今得之，為予大用。使予也而有用，且得有此大也邪？且也若與予也皆物也，奈何哉其相物也？而幾死之散人，又惡知散木！'匠石覺而診其夢。弟子日：'趣取無用，則為社何邪？'日：'密！若無言！彼亦直寄焉！以為不知己者詬厲也。不為社者，且幾有翦乎！且也彼其所保與眾異，而以義喻之，不亦遠乎！'"

莊子在這裏提出了"文木"與"散木"，"有用"與"無用"這兩對概念，社樹之所以全生遠害，正因其"無用"；而文木，即所謂有用之木"以其能苦其生者也，故不能終其天年而中道夭。"故無用即為大用。黃花黎、紫檀因其珍稀、貴重，故上千年來不斷招致毀滅性採伐！而榕樹、白楊、旱柳有大尺寸者仍立於鄉野而茂盛，正因其材不材，即無用。人也如此，自覺有材而應受大用，故棱角凸出，鋒芒畢露，則必受大難。正如蘇軾《洗兒詩》所言："人皆養子望聰明，我被聰明誤一生。惟願孩兒愚且魯，無災無難到公卿。"

莊子繼而用南伯子綦游於商之丘的寓意進一步深入闡釋"不材之木"之"無用之用"與所謂"有用"之木"中道之夭"："南伯子綦遊乎商之丘，見大木焉有異，結駟千乘，隱將芘其所藾。子綦日：'此何木也哉？此必有異材夫！'仰而視其細枝，則拳曲而不可以為棟樑；俯而視其大根，則軸解而不可以為棺槨；咶其葉，則口爛而為傷；嗅之，則使人狂酲，三日而不已。子綦日：'此果不材之木也，以至於此其大也。嗟乎神人，以此不材。'宋有荊氏者，宜楸柏桑。其拱把而上者，求狙猴之杙者斬之；三圍四圍，求高名之麗者斬之；七圍八圍，貴人富商之家求樿傍者斬之。故未終其天年，而中道之夭於斧斤，此材之患也。故解之以牛之白顙者與豚之亢鼻者，與人有痔病者，不可以適河。此皆巫祝以知之矣，所以為不祥也。此乃神人之所以為大祥也。"

《莊子·馬蹄》直指"真性"："我善治木。曲者中鉤，直者應繩。""故純樸不殘，孰為犧樽！白玉不毀，孰為珪璋！道德不廢，安取仁義！性情不離，安用禮樂！五色不亂，孰為文采！五聲不亂，孰應六律！夫殘樸以為器，工匠之罪也；毀道德以為仁義，聖人之過也。"莊子認為"我善治木"而毀滅了木材之天性，"曲者中鈎，直者應繩"本不是木材的願望與理想，而是治木者強加的。完整的木材，你不鋸解、雕刻花紋，怎麼可能成為酒樽呢？解木為器，這是工匠的罪過。我們必須尊重自然，尊重樹木本有的"真性"，而不是任意人為曲解、雕琢。馬之"蹄可以踐霜雪，毛可以禦風寒。齕草飲水，翹足而陸"而應無"橛飾之患"、"鞭筴之威"；至淳之時，"民居不知所為，行不知所之，含哺而熙，鼓腹而遊。"這應是民之"真性"。

本書寫作之目的，即儘量接近中國古代家具所用木材之"真性"，而木材之辨識或真假鑑定並不是本書的重點。除了探討木材的歷史與文化之外，本書最重要的內容即木材的利用，說清楚"為甚麼"即"之所以然"的問題。每一種木材的顏色、光澤、比重、油性、紋理、手感、香味各異，每人之身份、學養、審美、貧富、眼界、偏好各異，則每人對於家具所用木材的種類、顏色及其他因子的選擇也是不一樣的；同樣，因不同的特徵差異，不可能一種木材做所有家具，或所有家具用一種木材。家具所用木材或其他材料的使用，應陰陽契合，冷暖關照。這也是本書異於十五年前舊作的核心和關鍵所在。

明式家具濫觴之地應為蘇州或鄰近地區，這與當地當時的文化、經濟的發達是有很大關係的，而蘇州、揚州、無錫那些風格迥異的園林藝術，也是促成明式家具形式多樣化的重要原因之一。園林最重要的是其背後的主人，其修為與情趣決定了其將來生活於此的園林之獨特風格。自宋至明、清，江南園林有其共性，但更應關注的是其個性的張揚與淋漓盡致的施展、發揮。人、園林與其內部的裝飾、陳設是渾然一體而不可分割的，故作為陳設主體之家具所用木材、形式，乃至尺寸大小、工藝均與他人不同。這也是我們很少見到明代蘇州優秀、經典家具模仿、重復的直接原因。

《韓詩外傳》認為"獨視不若與眾視之明也，獨聽不若與眾聽之聰也,獨慮不若與眾慮之工也。……詩曰:'先民有言,詢於芻蕘'此之謂也。"

　　自1983年始與木材糾纏,一直不曾斷絕與樹木的來往互訪。各地珍稀木材的主要林區,存有中國古代家具的博物館、寺廟,都留下我的印記與目光。向書本學習,與日本的專家人山,與海南的黎族百姓同飲"biang 酒",都是串起本書一頁一頁可愛的文字與圖片最初的草稿。

　　我曾毫不掩飾地在《黃花黎》一書中流露出對"公安三袁"徹頭徹尾的追捧,無論其流連於"山色如娥,花光如頰,溫風如酒,波紋如綾"的西子湖,還是往返於煙霞蒲柳或"五快活"真性之境,似乎成了夢中"社櫟",以為目標,以為榜樣。袁石公云:"長安風雪夜,古廟冷舖中,乞兒丐僧,齁齁如雷吼;而白髭老貴人,擁錦下帷,求一合眼不得。"當然,松間明月與石上清泉從未拒我,我也並不是"擁錦下帷"者,使我不能於雪夜古廟中"齁齁如雷吼",應為本書之淺薄與殘缺。

周 默

北京 大屯

庚子年 秋

第一章

傳統木材

【紫檀書架局部】

設計：沈平

工藝與製作：北京梓慶山房周統、潘啟富

攝影：韓振

# 一、紫檀

## Red Sandalwood

**學名**　中文．檀香紫檀

拉丁文：Pterocarpus santalinus L.F.

**別稱**　**中文**：紫檀、紫檀木、小葉紫檀、旃檀、紫旃檀、紫旃木、赤檀、紫榆、酸枝樹、紫真檀、金星紫檀、金星金絲紫檀、牛毛紋紫檀、花梨紋紫檀、雞血紫檀、老紫檀、犀牛角紫檀、紫檀香木

**英文或地方語**：Red sanders, Red sandalwood, Chandanam, Yerra chandanum, Chandan, Rakta chandan.

**科屬**　豆科（LEGUMINOSAE）　紫檀屬（Pterocarpus）

**產地**　**原產地**：印度南部、東南部，集中分佈於安德拉邦南部及泰米爾納德邦北部的林區。

**引種地**：印度本地已有大量紫檀人工林，斯里蘭卡、巴基斯坦、孟加拉國、緬甸、泰國及中國廣東、海南島、雲南均有數量不等的人工林。

**釋名**　紫檀一詞，最早出現於西晉崔豹所著《古今註》："紫栴木，出扶南而色紫，亦日紫檀。"宋代李昉《太平御覽》轉引《古今註》時寫作"紫旃"，出"扶南、林邑"。明代李時珍著《本草綱目》稱："檀，善木也，故字從亶。亶，善也。"明代王佐在《新增格古要論》中將紫檀木的產地、硬度、顏色、用途及識別特徵描述得十分具體，也是對紫檀一名來歷的最佳註釋："紫檀木，出交趾、廣西、湖廣，性堅，新者色紅，舊者色紫有蟹爪紋。新者以水濕浸之，色能染物，作冠子最妙。近以真者揩粉壁上，果紫，餘木不然。"

①【樹葉】紫檀樹當年新生的樹葉、淺綠色，葉脈延伸如田埂佈網，秩序井然。據周鐵鋒《中國熱帶主要經濟樹木栽培技術》介紹，"小葉 3–5 片，稀有 6–7 片。橢圓形或卵形，長 9–15 厘米。"由此可知，將檀香紫檀俗稱為"小葉紫檀"是不準確的。

# 木材特徵

**邊　材：**淺白透黃或呈黃色，心、邊材區別明顯。

**心　材：**新切面呈桔紅色，舊材則色深，久則呈深紫或黑紫，常具淺黃或黑色條紋，也有金黃似琥珀的寬窄不一條紋或形狀不一的團塊狀，這一現象在存放時間較長或腐爛而僕倒於野外的紫檀木、建築用材中常出現。人工林木材的顯著特徵是：心材密度較差，網狀腐或心腐居多，且心材端面呈紅黃相交圓圈形或蜂窩狀腐朽。

**氣　味：**無香氣或很少有，在新伐材及人工林之新切面常有微弱香氣。

**紋　理：**紫檀多緻密而無紋，除了前述特徵外，最為可愛的便是滿佈金星金絲，紋理細如髮絲，自然捲曲，如用放大鏡觀察，則如萬里星空、流星如雨。這一特徵在老舊紫檀中比較明顯，在人工林中極少顯現。也有紋理粗大、淺紫褐色者，屬於等級較低的紫檀。

**熒光反映：**木屑水浸液紫紅色，有熒光。

**劃　痕：**紫紅色劃痕明顯

**油　性：**一般紫檀油性強，有滑膩之感；人工林加工後油性差，乾澀。

**光　澤：**光澤可鑑，內斂外透。

**氣乾密度：**1.05-1.26g/cm$^3$

②【原木新切面】材色金黃與豔紅相襯，淺白透黃者即為邊材，鐵銹斑駁部分為樹皮內層，黑色部分為朽爛碳化所致，網狀紋為蟲蝕後所留下的痕跡。右上角及左側中間，遇節疤，則呈鬼臉紋。此標本特徵多樣，誘因複雜，是認識與把握紫檀特徵的教科書。（標本：北京梓慶山房）

③【西雙版納紫檀樹皮】1964 年植於中國科學院西雙版納熱帶植物園的紫檀，樹皮呈不規則片狀翹起，與印度野生林、人工林之樹皮特徵不符，表徵相異，不知心材有何變異。（附着於樹皮的植物為"王不留行"）

④【野生紫檀樹樹皮】野生紫檀樹皮呈灰黑色，形如龜甲或如海貝，紋理螺旋，溝壑自見。（攝影：韓汶）

⑤【野生紫檀樹】印度東南部安德拉邦（Andhra Pradesh）野生的紫檀，高挑、孤立、卓爾不群。樹冠較小，狀如松菌，枝葉稀疏，分杈較高，故樹木之主幹可有效利用部分增大。紫檀木的特徵除此之外，從活立木外表看，主幹上下尺寸變化不明顯，而內部之心材大小頭差異較大，從根部至頂端，尺寸遞減，這也是紫檀無大料，出材率低的主要原因之一。（攝影：南京韓汶）

⑥【人工種植的紫檀】印度安德拉邦植於平原的紫檀樹。（攝影：韓汶）

# 木材分類

按木材特徵分類

按顏色分

腥紅　心材表面大片或局部為腥紅色，沒有金星、金絲或其他紋理，多見於人工林或新伐材。

深紫　其一，採伐後存放時間超過 10 年者；
其二，採伐於生長條件惡劣的乾旱林區，特別是褐色岩石地帶的紫檀。

紫黑　符合深紫之條件，且油性重、比重大者；
開鋸後存放時間較長的 A、B 級紫檀易呈紫黑色，與產自於同一區域的烏木幾乎相似。

按紋理分

金星金絲　顏色越深、油性越重、比重越大，越易佈滿金星金絲，有些新開料之金星金絲並不明顯，與空氣、陽光接觸時間長，則逐漸顯現這一特徵。

牛毛紋　心材表面佈滿細長捲曲如牛毛的金色紋理。

雞血紫檀　心材表面成片無紋，不透明、光澤差，色如雞血暗紅，易與產於泰國的老紅木相混，故硬木行業稱之為雞血紫檀。

花梨紋紫檀　指紫檀老家具的一種特殊顏色、紋理，多因長期接觸光照或置於陽光照射的窗前，家具表面會泛黃或灰白色，如花梨木之顏色、紋理。

豆瓣紫檀　這一特殊紋理在紫檀木中出現的概率極低，其紋理一反紫檀之普遍特徵，極有規律地反復出現似金色豆瓣形狀之花紋，連綿不斷。

按空實分

空心料　第一類，空心不深或貫通，但可鋸出一定尺寸的家具用料，材性穩定，材質優異；
第二類，不能鋸出家具料，但可用於雕刻、文房用具或其他工藝品的製作，故也稱其為雕刻料。

實心料　真正不空的實心料很少，有的原木表面、端面不空，不能保證內部不空，空洞或腐朽內藏其中，一般通過敲擊、探聽回音可以判斷空實。

⑦【紫檀書案面心】包含成串鬼臉紋的紫檀書案面心。得此紋理，製材方法多為弦切，且原木本身生有樹包或疤節。加工成器之初色澤鮮紅炫麗，約 3-6 個月後開始色變直至深褐色。（北京梓慶山房）

⑧【雞血】所謂"雞血"，除了成片呈現外，也常與其他表面特徵相伴，如金星金絲或鬼臉紋，並非一成不變。（北京梓慶山房）

⑨【紫檀書案面心之豆瓣紋】（北京梓慶山房）

⑩【金星金絲】金星金絲夾雜的所謂"雞血紫檀"。紫檀的表面特徵並非單一出現，也有幾種特徵同時集中於一根原木或一塊木板之上，故並不能以某種獨特現象或特徵來區分紫檀的種類或材質之高下。（北京梓慶山房）

⑪【牛毛紋】波紋皺褶，色如夕陽染空、新雨初霽。如此美紋，稀見於一般家具或器物，從古至今，這種頂級紫檀多珍藏於日本，用於樂器及高級工藝品。（標本：杭州 劉希爾）

⑫【金屑文】唐代孟浩然《涼州詞》云："渾成紫檀金屑文，作得琵琶聲入雲。"此標本集金星金絲、牛毛紋及水波紋於一處，正是此詩最美的註腳。（標本：杭州 劉希爾）

⑬【絞絲紋】紫檀著名的絞絲紋，如風行水上的自然成紋。如此密集迴漩之現象多產生於特級紫檀，一般生於石壁斜坡或磚紅色風化岩石上，常用於傳統樂器的製作。（標本：杭州 劉希爾）

⑭【印度古代建築紫檀構件橫切面】因年代久遠而陳化至紫褐色，因其緻密富油而勳光反射，鋸痕如波浪層遞，凹凸起伏。在中國古代硬木家具中，能在硬度、材色、光澤、油性及觀賞性方面超出紫檀者未見，故紫檀木及紫檀家具的市場價值在歷史上無可匹敵，實為翹楚。（標木：杭州 劉希爾）

⑮【樹液】紫檀樹幹之新切口，樹液外溢，色濃如血。凡紫檀屬樹木多有此現象。（攝影：韓汶）

⑯【白漆紫檀原木】周身塗滿白漆的紫檀原木，長度在 120-160 厘米之間，這種偽裝便於陸路的長途運輸，且可躲避海關、檢查站的檢查。從其小片切口可見紫褐的顏色與滑膩的油質。（標本：北京 程茂君）

⑰【紫檀原木橫切面】金星及寬窄不一的深色紋理可見，右側下端淺色如船槳之紋理斜切樹心，阻隔兩側紋理的自然連接。此現象之發生似為側枝在正常生長過程中被主幹包裹、吸收而一同生長、變化所致。（標本：北京梓慶山房）

⑱【白紫檀】表面土黃泛白的紫檀戒尺，已不見紫檀本色，清晰的絞絲紋未脫紫檀之基本特徵，清代文獻將其稱為"白紫檀"。

⑲【空心】從端面看，紫檀無一不空。其空腐的原因有多種，主要與真菌感染有關，並不是樹齡越大，空腐的機率越高。

⑳【經過嚴格挑選後的實心料】（標本：北京梓慶山房）

㉑【短筒原木】高約 1 米、直徑約 30-40 厘米的紫檀短筒原木。這種規格在歷史上極為罕見，主因除了自重過大外，還因便於走私及運輸。據主人介紹，這批木材從印度用專機經阿聯酋迪拜及美國西雅圖，最終卸貨於天津。

印度政府分類

| A 級 | 有極好的水波紋 (Wavy grain) | 短且由裏而外透之水波紋明顯 |
| | | 原木表面有波痕反射 |
| | | 健全材或接近健全材（允許少量缺陷） |
| B 級 | 有良好的水波紋 | 中等長度或深度的水波紋清晰可見 |
| | | A 級半健康材（允許部分缺陷） |
| | | 半健全材（允許有一些缺陷或無缺陷） |
| | | A 級材，但彎曲率超過 10% |
| C 級 | 具一般水波紋或直紋 | 有長而淺的水波紋或直紋 |
| | | 健全材或半健全材（允許有一些缺陷或無缺陷） |
| | | 非健全材，但可以利用的 A 級材（有很多缺陷） |
| | | 非健全材，但可以利用的 B 級材（有較多缺陷） |
| | | B 級材，但彎曲率超過 10% |
| 等外材 Non-grade NG | 各級原木中不可利用者 | |

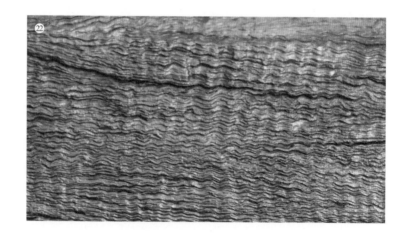

㉒【琴料】此標本為製作日本傳統樂器 "三味線" 的 "琴料"。日本對器物的選料要求極為苛刻，琴料則據其初加工的形狀，分為 C 形料、L 形料、I 形料三種，非常注意木料 S 紋的密集程度、油性與緻密度。據稱，印度政府紫檀 A 級料的標準即完全按日本人的要求製定。（標本：劉希爾）

㉓【B 級紫檀】用於拍賣的印度政府倉庫的 B 級紫檀（攝影：韓汶）

㉔【C 級紫檀】用於拍賣的印度政府倉庫的 C 級紫檀，幾乎不空，長度多在 3 米以上。（攝影：韓汶）

㉕【N 級紫檀】用於拍賣的印度政府倉庫的 N 級紫檀，幾乎不空，長度多在 3 米以上。（攝影：韓汶）

㉖【雕刻料】進口到中國的紫檀，多用於製作圈椅或其他小件。所謂 "十檀九空" 並非事實，好的、實的紫檀多被歐洲、日本商人首選挑走，剩下的只有 "十檀九空"。不過近五年來這一困境有所改變，中國商人高價從印度、日本、香港、馬來西亞、新加坡、阿聯酋、美國等地進口了不少高等級紫檀。

| | | | |
|---|---|---|---|
| **印度民間分類** | **按權屬分** | 私有紫檀林 Private Forests | 自然生長於平地及土壤肥沃的地方，用以劃分地界。因土壤肥沃，生長較快，故比重、顏色及油性均較差。原木表面有波痕反射。 |
| | | 國有紫檀林 又稱"邦有林" State Forests | 自然生長於條件惡劣的乾旱山區，土壤為岩石風化帶或褐色岩石，極少有花草生長。地下多富鐵礦，鐵礦帶幾乎與紫檀的分佈區域重疊。 |
| | **按長度及徑級大小分** | A 級 | 長度 260-400 厘米，小頭直徑 20 厘米以上，無腐朽、空洞、節疤，油質感強。 |
| | | B 級 | 長度 180 厘米以上，小頭直徑 20 厘米以上，其他同 A 級。 |
| | | C 級 | 長度 140 厘米以上，小頭直徑 16 厘米以上，允許有少量空洞及其他缺陷。 |
| | | D 級 | 長度與小頭直徑不限，允許有缺陷。長度與小頭直徑不限，允許有缺陷。 |

㉗【平原紫檀樹】安德拉邦平原所生紫檀，人稱"私有林"，用於田地分界。樹皮方形分割，淺槽清晰而規矩，這是平原所生紫檀或人工林的主要特徵。土黃色為糾纏於樹幹之紅螞蟻攜帶地表黃泥來回爬行、蛀蝕所致。（攝影：韓汶）

㉘【國有紫檀林】安德拉邦蒂魯帕蒂林區的國有紫檀林，每一棵樹都編號保護。

㉙【原木垛】安德拉邦奇圖爾林區 Kodur 鎮，伐後棄於林地的人工林紫檀。

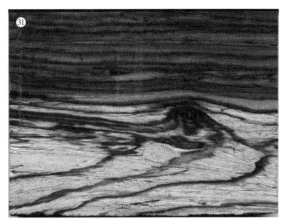

㉚【人工紫檀的原木端面】人工種植的紫檀原木端面，色黃且
　生長輪較寬，材質疏鬆，徑級大而較少空腐。（印度奇圖
　爾林區 Kodur 鎮）

㉛【人工紫檀的心材】人工種植的紫檀木之心材。淺白色部分
　為腐朽部分，極為鬆軟，一般不宜製作家具。有人先將其
　染成紫檀色，再施硬化劑，然後摻入紫檀家具之中。

㉜【A 級紫檀】飽滿、幾無缺陷的 A 級紫檀。（收藏：北京梓
　慶山房）

㉝【B 級紫檀】（收藏：北京梓慶山房）

㉞【C 級紫檀】國內標準的 C 級紫檀，難成大器。（收藏：北
　京梓慶山房）

㉟【紫檀短方料】印度走私出口的 5 厘米見方的紫檀短料，長
　度在 50-80 厘米。（收藏：北京梓慶山房）

㊱【紫檀大徑原木】

㊲【紫檀長板】長度在 250 厘米以上的紫檀板材（收藏：天津
　薊縣泗溜鎮明聖軒）

# 木材應用

## (1) 主要用途

**家具**：中國紫檀家具的產生至少不晚於唐，民國學者王輯五在其著作《中國日本交通史》中認為：「聖武天皇奉獻於東大寺盧舍那佛之螺鈿紫檀阮咸、木畫紫檀棋局及銀壺等，亦均由唐輸入者也。」除紫檀樂器、棋桌外，還有紫檀金鈿柄香爐、紫檀木憑几、紫檀金銀繪書几等。至清代雍正、乾隆兩朝，幾乎宮廷的家具與器物均與紫檀有關。

**建築**：闞鐸《元大都宮苑圖考》記載，元世祖忽必烈時，元大都建有紫檀殿、楠木殿，並陳設紫檀御榻、楠木御榻等多種家具。其紫檀殿所需木材幾乎全部源於印度西海岸馬巴爾港，據《元史·亦黑迷失傳》：「（至元）二十四年，使馬八兒國，……行一年乃至。……又以私錢購紫檀木殿材，並獻之。」元世祖在大內營建紫檀殿為至元二十八年，其所用，或即此材。至元三十一年，忽必烈駕崩於紫檀殿。

**工藝品**：佛像（如西藏古格王朝時期的紫檀佛像）、刀柄、裁紙刀、筆桿、筆筒、官皮箱、手飾盒、鎮紙、底座（蓋）、算盤（算盤珠）、

硯盒、唸珠、如意、扇骨、酒杯等器物。

樂器：二胡、琵琶、板胡、響板、琴鍵等。

染料：古代主要用於等級較高的官員服飾的染色，也用於鐵力木家具或色淺不勻的紫檀木家具表面染色。唐宋時期的"紫檀衣"便是用紫檀染色而成，唐代曹松《青龍寺贈雲顥法師》有"紫檀衣且香，春殿日尤長"之詩句。

藥用：《本草綱目》認為"紫檀氣味鹹，微寒，無毒。主治摩涂惡毒風毒。刮末傅金瘡，止血止痛。療淋。醋磨，傅一切卒腫。……紫檀鹹寒，血分之藥也。故能和營氣而消腫毒，治金瘡。"

㊳【明·紫檀插肩榫大畫案腿足之局部】畫案現存上海博物館，原物照片見王世襄《明式家具研究》第 134-135 頁。

㊴【用於紫檀家具的修復或工藝品製作的紫檀小料】（天津馬可樂家具博物館）

㊵【加工紫檀佛珠後留下的紫檀泥】（資料：北京千里木紫檀）

㊶【乾隆時期紫檀平頭案構件】（收藏：北京 胡生月）

㊷【明·紫檀雕荷葉捲草紋佛龕】紫檀木用於佛教器物，如佛像、佛龕及佛寺建築、家具，已有不少文獻記載，所存文物也很普遍。（資料提供：南京正大拍賣公司）

㊸【清·紫檀長方書箱】紫檀木為箱，多見於清代，特別是乾隆朝，用於盛放經書、書畫或其他把玩之物。如此素雅而不見紋飾且把握紫檀特性之準確與製作技巧之嫻熟，器物本身已作註釋。（資料提供：南京正大拍賣公司）

㊹【書箱銅活面頁局部】一件器物的吸睛之處，往往是決定其審美情趣的緊要之處。此器用銅活之色與披散、活潑的枝葉彌補紫檀之凝重、高古所帶來的沉寂，效果明顯。

㊺【印度古建紫檀雕神像構件】（收藏：劉希爾）

⑯【紫檀無束腰羅鍋棖加矮老條桌】條桌無任何雕飾，連線條也不見，動心之處即在桌面，四周上下均取無紋純色的紫檀，面心則如春雨觸荷，形成無數如人工扣印的"豆瓣紋"。慧心妙思，並未着意於器之本身，原木春筍破土，樹木上升而已。（設計：沈平 工藝與製作：北京梓慶山房 周統、潘啟富 攝影：北京 韓振）

46

47

47 【紫檀無束腰裹腿羅鍋根加霸王根畫桌局部】唐代司空圖（傳）《二十四詩品》之"勁健"曰："行神如空，行氣如虹。巫峽千尋，走雲連風。"清代楊廷芝《二十四詩品淺解》稱："如空，言行之神，勁氣直達，無阻隔也。如虹，極言其氣之長無盡處也。"畫桌之羅鍋根厚度幾乎與大邊等同，且直接與大邊相連，四足渾圓，剛健而空闊，頗有"勁健"韻味。（設計：沈平　工藝與製作：北京梓慶山房　周統、潘啟富　攝影：韓振）

49

48

48 【清·紫檀有束腰帶霸王根內翻馬蹄半桌】半桌因歲月與陽光的摩挲已失其本色而近土灰黃色，器物並非完美。各部件之尺寸、組合略顯倉促，馬蹄似未最終完成。（資料提供：南京正大拍賣公司）

49 【半桌桌面】古人為器，特別是家具之面心，多喜一塊玉之式。紫檀、烏木及其餘尺寸較小的木材採用拼接的方式，所拼之板的數量以奇數為勝，即3、5、7、9，也有採用2、4、6、8者。老木匠數板唸"有、無、有"，奇數永遠是"有"，而偶數則為"無"。也有人認為，奇數為陽，偶數為陰，故取奇。

## （2）造型與榫卯結構

　　造型優美與合理科學的榫卯結構是優秀的明式家具最主要的特徵。王世襄《明式家具研究》對兩件明朝的紫檀家具評價極高。第一件"甲77，扇面形南官帽椅"，稱其"不僅是紫檀家具中的無上精品，更是極少數可定為明前期製品的實例。"論及造型與結構："椅的四足外挓，側腳顯著，椅盤前寬後窄，相差幾達15厘米。大邊弧度向前凸出，平面作扇面形。搭腦的弧度則向後彎出，與大邊的方向相反，全身一律為素混面，連最簡單的線腳也不用，……管腳根不但用明榫，而且索性出頭少許，堅固而並不覺得累贅，在明式家具中殊少見……。"另一件"乙109，無束腰裹腿羅鍋棖加霸王棖畫桌"，"將羅鍋棖改為裹腿做，用料加大，位置提高，直貼桌面之下，省去了矮老，削繁就簡，……乾淨利落，效果很好。腿內用霸王棖，還是因為羅鍋棖提高後，腿足與其他構件的聯結，過於集中在上端，恐會出現不夠牢穩，是以採用此棖來輔助支撐。"這兩件紫檀重器，除了造型優美外，無論是扇面椅四腳外挓、管腳棖外凸明顯，還是畫桌霸王棖的巧用，均是明式家具結構科學、牢固的最好例證。至清代雍正朝，明式紫檀家具還能堅守這一傳統。乾隆朝開始，紫檀家具力求氣勢磅礡、厚重，明及清早期紫檀家具的簡約、大方、樸拙幾乎不見蹤影。今天的紫檀家具多模仿清中期或清晚期、民國初期的風格，鮮有模仿優秀的明式或設計出讓人耳目一新的式樣者。但是，只有在優秀的傳統基礎上（即明式家具的基礎上）有所探索、生出新意，才是紫檀家具發展的必由之路。此外，還必須堅持傳統、科學、合理的榫卯結構，不能減省。

## (3) 紫檀工

紫檀工是對紫檀成器過程中的高超、精美工藝之簡稱，包括器物的造型與工藝。這裏面，造型優美是第一位的。加工工藝即選料、開料、乾燥、配料、榫卯、雕刻（起線）、包鑲、鑲嵌、刻字、刮磨、細磨、蠟活、銅活等諸方面。紫檀工可以說是硬木加工中等級最高的一種工藝，其特徵可以從兩方面概括：

第一、渾圓素樸。紫檀扇面形南官帽椅及紫檀無束腰裹腿羅鍋棖加霸王棖畫桌之主要特點為渾圓素樸，南官帽椅除背板開光牡丹花浮雕外，其餘部位均光素無紋，"椅盤下三面安'窪堂肚'券口牙子，沿邊起肥滿的'燈草線'。"畫桌全身連線條也不見，腿、羅鍋棖、霸王棖無任何紋飾，正圓飽滿、通直或曲折有度。紫檀的沉穆、大氣、尊貴、古意在這兩件家具中得到了充分表現。

第二、精美的雕刻與多種裝飾手法。紫檀雕刻之至美者應為淺浮雕，淺雕起地必須平整，故多起平地。雕刻紋飾的選擇與器物

㊿【清中期・紫檀夔龍紋"吉慶有餘"頂箱櫃局部】（資料提供：北京保利拍賣）

所要表達的主題思想一致，突出主題。如紫檀扇面形南官帽椅背板開光浮雕一朵牡丹花，春風徐徐、花葉微捲、生意即起，是以表達此器之富貴、莊重與華麗，此乃點睛之筆、着意之處。也有滿面雕刻，密不透風者。如《御翫——明清宮廷文房珍藏》北京保利2017年春拍"5145 明晚期御製紫檀雕雲龍紋文具盒"，應為精美絕倫、標準的"紫檀工"，"盒蓋、四面滿浮雕菱形回紋帶為錦地，空處雕卐字紋，於錦地之上，浮雕雲龍紋。……雕刻手法採用薄浮雕，與木刻版畫工藝接近，近乎竹雕之中的薄意留青，層次分明，各處乾脆利落，雕刻、磨製精細，無一懈怠處。"

### (4) 裝飾

裝飾主要以鑲嵌為主，如明末華麗妍秀的百寶嵌。清代錢泳《履園叢話》稱“周製之法，惟揚州有之。明末有周姓者，始創此法，故名周製。其法以金、銀、寶石、真珠、珊瑚、碧玉、翡翠、水晶、瑪瑙、玳瑁、車磲、青金、綠松、螺鈿、象牙、蜜蠟、沉香為之，雕成山水、人物、樹木、樓台、花卉、翎毛，嵌於檀、梨、

(51)
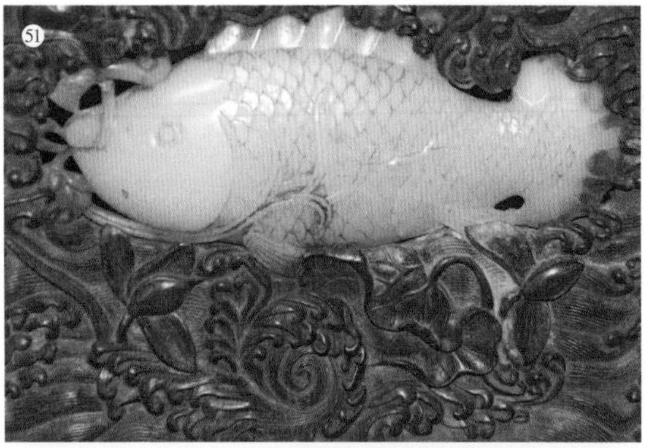

(52)
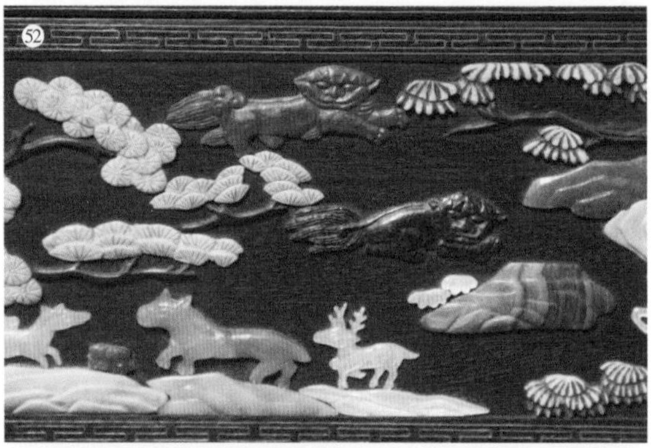

(53)
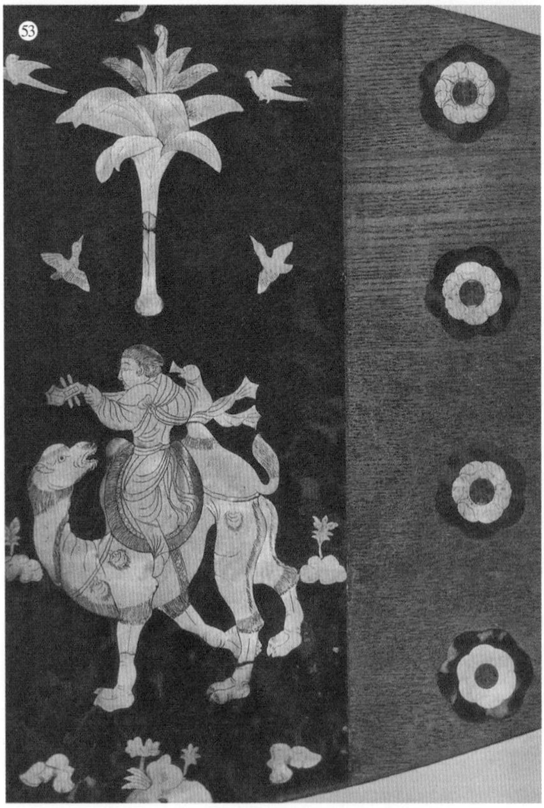

(54)
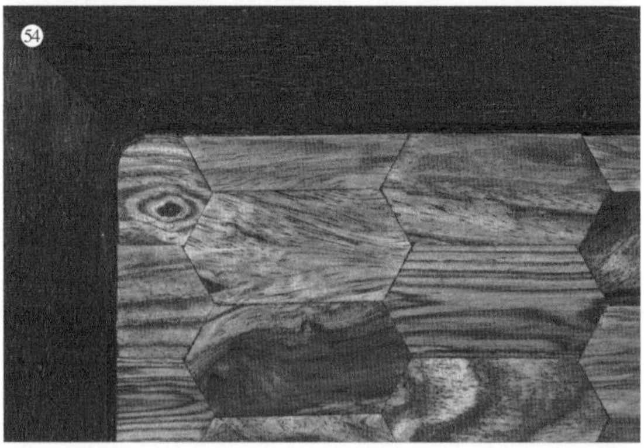

(51)【清・紫檀小長方盒嵌白玉魚紋盒蓋之局部】（資料提供：北京私人收藏）

(52)【清乾隆・紫檀百寶嵌長方盒之局部】

(53)【日本正倉院藏中國唐代“螺鈿紫檀五弦琵琶”之捍撥】（資料：《日本美術全集・5・天平的美術——正倉院》）

(54)【紫檀黃花黎龜背紋面心條桌局部】條桌由三種名貴木材製作而成，邊、腿均採用紫檀，面心由海南黃花黎拼龜背紋連接而成，面心與邊抹之間用烏木相隔，除了層次遞進、規矩面心外，主要還是讓觀者用心於面心，而不是欣賞紫檀之名貴與擇料之精致。（設計：沈平　製作與工藝：北京梓慶山房周統、潘啟富　攝影：韓振）

漆器之上。大而屏風、桌、椅、窗檔、書架,小則筆牀、茶具、硯匣、書箱,五色陸離,難以形容,真古來未有之奇玩也。"百寶嵌有隱起、平頂兩種表現形式,前者外凸,後者與胎地齊平。現存日本正倉院的唐代紫檀鑲嵌技藝已達到很高的水平,並不遜於明及清乾隆朝。韓昇在《正倉院》中描述"螺鈿五弦琴琵琶":"正反兩面均有精美的螺鈿裝飾,背面全部施以鳥蝶、花卉、雲形及寶相花紋,花心葉上塗上紅碧粉彩,描以金線,上覆琥珀、玳瑁等。正面有紫檀捍撥,用來保護弦撥之處,上面有螺鈿樹木,下方是騎在駱駝背上的胡人,手執琵琶,邊走邊彈,曲聲悠揚,引來飛鳥起舞,駱駝回首。"

　　紫檀工起於何時還沒有確切的年代,從唐至宋、元、明,皆有實物、文獻佐證。至清代乾隆年間,紫檀工用料之珍奇、技藝之高超已臻於巔峰,但遺憾的是,此時器物造型、榫卯結構在較大程度上被忽略,審美情趣幾乎盡失。一體兩面的錯位,不僅在學術界沒有引起重視,在當今紫檀家具的製作中也沒引起足夠的關注,這也是對"紫檀工"的誤解。

## (5) 木材搭配及家具陳設

　　紫檀可單獨成器,但從遺存下來的紫檀經典家具來看,更多的是與暖色木材相配,如黃花黎、金絲楠或癭木,也與大理石及其他文石相配,穿帶多用格木。這種搭配除了色彩協調合理外,也可節約珍稀木料。因為紫檀大料稀少,心板拼接過多、過窄,不但有零碎雜亂之感,且易起拱或產生裂縫,故多以暖色木材取代,如此也增加了器物的審美情趣。即使是紫檀大器之面心,也會用紫檀或黃花黎小木片拼成冰裂紋、龜背紋等。有的還會與大漆工藝結合,如前文所提"無束腰裹腿羅鍋棖加霸王棖畫桌",便是桌面髹黑漆,與黝黑的紫檀十分協調。

　　紫檀家具的陳設,滿堂為紫,則顯單一、沉悶,陽氣過盛,應與其他暖色家具相陳設,位置、器物的選擇更為重要。

### (6) 乾燥

紫檀的人工乾燥極易產生明顯的螞蚱紋或開裂，一些廠家採用蠟煮法，其優點是幾乎不開裂；缺點為紫檀木變脆、使用壽命縮短、紫檀素流失、顏色發暗，久則產生顏色深淺不一的塊狀，天然的色澤幾乎不見，僵滯而呆板。紫檀應採取低溫蒸汽乾燥，且最好在裁成家具部件後進行第二次乾燥；或鋸板後自然乾燥半年以上再進行低溫乾燥，木材的穩定性會比較理想。

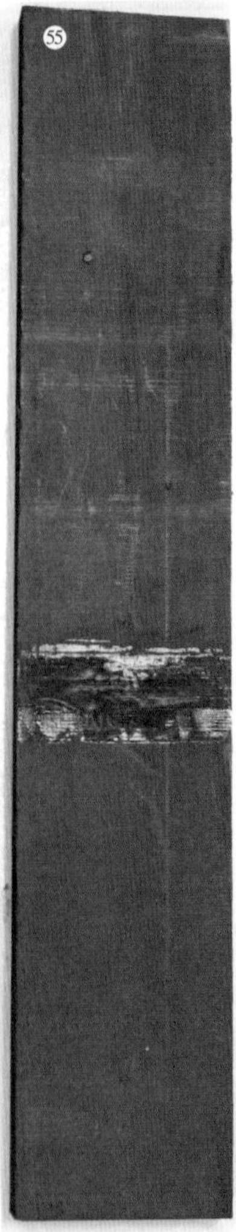

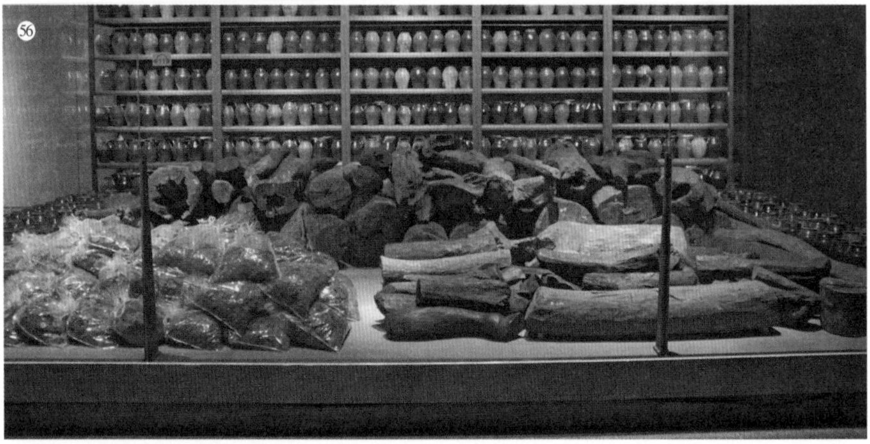

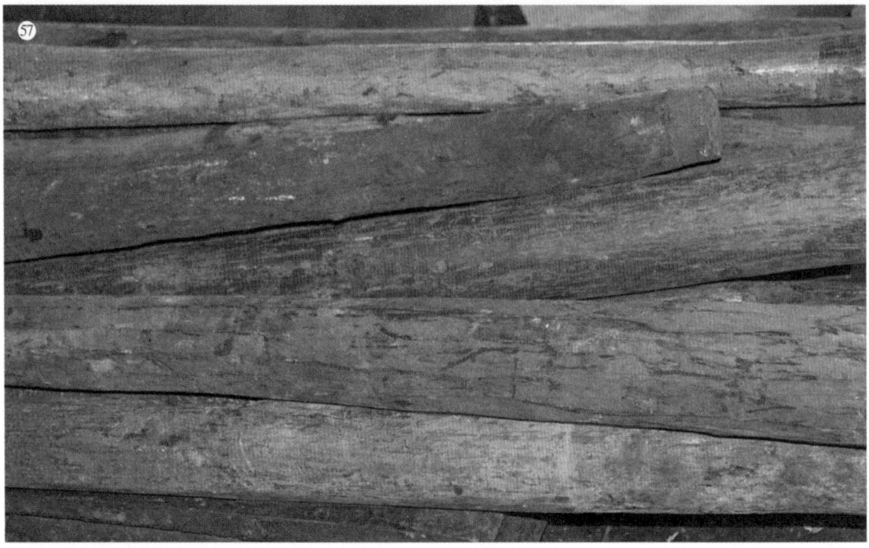

(55)【**紫檀人工乾燥**】真空高頻烘乾後的紫檀小板材含水率僅 4% 左右，油質外滲，變脆。

(56)【**新安號所載紫檀原木**】（攝影：北京 顧瑩）

(57)【**印度古建紫檀立柱**】（收藏：北京梓慶山房）

## （7）紫檀陰沉木

紫檀陰沉木包括沉入海底、河流及其他原因而掩埋於地下的紫檀，如考古發掘、棺材等。發現紫檀陰沉木應首先研究其形成原因，並進行正確分類，除用於科學研究與博物館陳列外，可少量用於室內裝飾或工藝品製作，當然應以原狀保存為主要方式。棺材或碳化過度者，慎用為上。

在紫檀貿易史中從未見到紫檀陰沉木的記錄，被紫檀貿易商人認為陰沉木的多為古建用材，不應列入紫檀陰沉木。1976 年，韓國西南全羅南道新安郡防築里海底發現中國元代沉船（船艙中一木簡寫有"至治叁年"即 1323 年），被命名為"新安號"。船艙中除了大量的陶瓷，銅錢，銀、鐵等金屬製品及香料外，還有一批紫檀原木，長者為 2 米，短者僅為幾十厘米，長短不齊，粗細不一，不但長度、徑級並不理想，且空洞、腐朽、彎曲者佔比較大，小徑材、短材居多。這是否與當時採伐或運輸條件有關？新安號的目的地是日本，是否與日本特殊的工藝有關？尚未可知。

## （8）紫檀建築用材

元史有紫檀用於建築的記錄。印度古代的佛寺、神廟、別墅及其他建築也大量的採用堅硬承重、耐腐的紫檀，多見於立柱、門框、楣板或建築部件雕刻。楣板及建築部件雕刻多以神話人物、佛像或花卉紋見長；立柱外塗不同顏色的漆，黑、黃、綠、褐、紫、白、粉各色均有。長度 160—200 厘米者較多，短者以中間挖眼並用鐵棍或簡單榫卯連接。上端用鐵或銅做成圓箍，有的刻上花紋或塗為金色加以裝飾，下端立於岩石之上或深埋於泥土。自印度佛教衰敗以來，寺廟破損，即使印度教之神廟也缺乏維護。2005 年後，印度佛寺、神廟及別墅的紫檀建築用材陸續進入中國，2012 年後數量持續增加。大量紫檀建築用材材質優良，幹形飽滿，但也有不少明顯缺陷。從解剖的建築用材來看，主要缺點有：木材乾澀；顏色呈條狀紅黑分佈，長久不變；夾帶邊材、空洞（用水泥、石塊填補）、過度心腐等現象，且塗有彩漆不易分辨，導致出材率極低。紫檀原本大小頭明顯，致使對開大邊的可能性降低。故建議花板（建築部件雕刻）應儘量保持原貌用於室內裝飾或其他藝術陳設，立柱也應有效巧妙地用於室內建築裝飾。若用於器物的製作，則應反復觀測其尺寸、缺陷、材質、色澤，然後依材成器。

㊹【色差】紫檀立柱剖面色差明顯，且極難色變，製器時配料極為困難。
㊺【清理填充物之一】大木工用鑿子打開紫檀立柱之填補部分
⑥⓪【清理填充物之二】立柱空洞內藏有水泥、石子，極易傷鋸傷人。
㊽【印度古建之紫檀雕花構件】（收藏：劉希爾）

62

62【紫檀楠木擱板書架局部】(設計：沈平　工藝與製作：北京梓慶山房　周統
潘啟富　攝影：韓振)

㉓【紫檀三層帶抽屜攢接曲尺欄杆架格成組】架格四張成組，全部選用紫檀舊材，紋理、顏色、光澤、油性完全一致，全身佈滿金星金絲。架格為方材，三層。第一、二層間隔相等欄杆，由短材攢接成曲尺形，第二層安雙抽屜，未設常見的白銅面葉，以免分散觀者對整體的品味。素靜、方正、棱角分明是其主要特徵。第三層底層與第二層間隔空間較大，下設羅鍋棖直接與牙條相連，並與直腿固定，使整體結構更加科學合理、牢固穩重。（設計：沈平　工藝與製作：北京梓慶山房　周統　潘啟富　攝影：韓振）

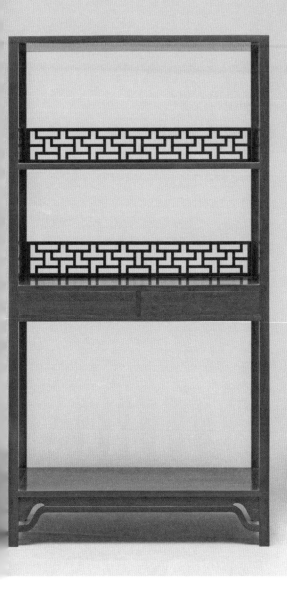

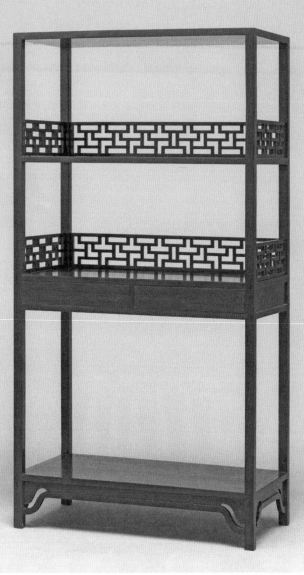

# 二、黃花黎

## Huanghuali Wood

| 學名 | **中文：** 降香黃檀 |
|---|---|
| | **拉丁文：** Dalbergia odorifera T. Chen |
| 別稱 | **中文：** (1) 櫚、櫚木、花櫚、花櫚樹、花櫚木；(2) 花梨、花梨木、花梨母、老花梨、花黎、花黎木、花黎樹、花黎母；(3) 花狸；(4) 降香、降香木、降香檀、降真、降真香、杠香（廣州）；(5) 黃花梨、黃花梨木、黃花黎、黃花黎木；(6) 香紅木、香枝木、香玫瑰木、土酸枝；(7) 織臘（海南土語） |
| | **英文：** Huanghuali wood, Scented rosewood, Fragrant rosewood |
| | **科屬：** 豆科（LEGUMINOSAE）  黃檀屬（Dalbergia） |
| 產地 | **原產地：** 中國海南島 |
| | **引種地：** 福建、浙江、廣東、海南島、廣西、雲南、湖南南部、重慶、四川。越南、老撾近十年也有引種。另外，海南的降香黃檀已出現變異，可能與從越南引種的東京黃檀混種有關。 |
| 釋名 | 黃花黎之稱謂較多，古籍及海南當地民眾稱 "花梨"、"花黎"、"花狸"、"花櫚" 或 "花梨母"、"老花梨"。"黃花梨" 一詞應在清雍正末期或乾隆元年出現，據清宮造辦處檔案記載："黃字十四號 鍍金作 十三年十二月二十九日奉旨：著做西洋黃花梨木匣貳件……"20 世紀早期，在北京硬木行業已有 "黃花梨" 之稱，據 1935 年 10 月出版的王槐蔭《北平市木業譚》記載：慈禧后之陵 "……當慈禧后生時，即已修陵，原估庫銀六百萬兩。後因壽永，經若干年未用，以致大殿之糙木材料稍有糟朽，由執其事者奏請重修。此項工程，除金井坑及磚石朝房未拆只加修葺外，其大殿東西兩配殿完全拆毀，舊有糙木棄而不用，另自外洋購買形似糙木而細之木料，美其名曰黃花梨，因似花梨而色黃也……"1940 年日本駐北平的華北產業科學研究所的《北京木材業的沿革》也沿襲這一說法。 |
| | 學術界對於 "黃花梨" 名稱的來歷與本意爭論較大，但一般認為：當時為了區別進口的花梨木（也稱草花梨）與原產於海南島的花梨，故在海南島所產的花梨之前加一個 "黃" 字，且明清時期的黃花梨家具多為黃色。而 "黃花黎" 一說始見於 2005 年第 9 期《收藏家》之拙作《明清家具的材質研究之二——黃花黎》，所述理由有三： |
| | 其一，史籍多處有 "花黎" 之稱。宋代趙汝适《諸蕃志》、明代顧岕《海槎餘錄》、明代黃省曾《西洋朝貢典錄 · 卷上 · 占城國第一》及清代張慶長的《黎岐紀聞》中均用 "花黎木"。其二，《海槎餘錄》稱："花黎木……，皆產於黎 |

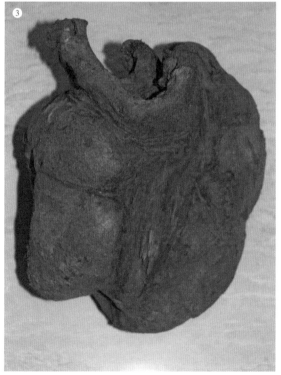

① 【樹冠、主幹或分枝】黃花黎為落葉喬木，樹高 25 米，最大胸徑可達 80 厘米。樹冠廣傘形，樹皮暗灰色，有溝槽。每年 4 月初雨季來到，黃花黎開始發芽，進入雨季後土壤濕潤、肥沃，黃花黎開始加速生長；等 11 月旱季來臨，雨水減少，黃花黎落葉自閉而養生，度過最不利於自己生長的季節。一般黃花黎分杈較低，主幹通直、飽滿者較少，故活節、樹胞較多，易致奇特而可愛之鬼臉紋。

② 【花與葉】羽狀複葉，除子房略被短柔毛外，其餘無毛。葉長 15-25 厘米，有小葉 9-13 片，稀有 7 片者。葉柄長 1.5-3 厘米，托葉極早落。小葉近革質，卵形或橢圓形落，莖部的小葉常較小而為闊卵形，長 4-7 厘米，寬 2-3 厘米，頂端急尖、鈍頭，基部圓或闊楔形，側脈每邊 10-12 條。圓錐花序腋生，長 8-10 厘米，寬 6-7 厘米，花期 4-6 月，花黃色。(攝影：海南 魏希望)

③ 【瘿】海南黃花黎極少生瘿，即使生瘿，尺寸也不大，與其自身生長緩慢、大徑材較少有關。中國古代家具中所謂 "黃花黎瘿"，特別是圓角櫃之對開門心，一般為草花梨瘿，即豆科紫檀屬花梨木類木材。

山中，取之必由黎人。"花黎木為中國之特產，唯海南島"黎母山"及其周圍生長。除"黎母"、"黎母山"外，黎民將許多產自於海南島的特產前均加"黎"字，如黎錦、黎幔、黎布、黎毯、黎被、黎襟、黎弓、黎刀、黎茶等。

其三，區別於其他進口的豆科紫檀屬（Pterocarpus）花梨木類的樹種。所謂的"新花梨"、"紅花梨"多為產於非洲、東南亞、南亞及南美熱帶地區的豆科紫檀屬的樹種，與產於我國海南島的屬於豆科黃檀屬的"黃花黎"是完全不同屬的樹種。大多不了解木材分類學的學者往往將兩種木材混為一談，並以所謂的"新"、"老"劃分。

花狸一詞，清代屈大均《廣東新語》指出"其文有鬼面者可愛，以多如狸斑，又名花狸。"

花櫚，唐代陳藏器《本草拾遺》記載："櫚木，出安南及南海，用作牀几，似紫檀而色赤，性堅好。"《廣東新語》稱："海南文木，有曰花櫚者，色紫紅微香。"

花梨母，海南人將產於本地的黃花黎即降香黃檀（Dalbergia odorifera）稱為花梨母，將同屬的另一個樹種海南黃檀（Dalbergia hainanensis）稱為花梨公。

老花梨，清末及民國初期，外國進口的花梨木湧入，其顏色、花紋與香味均與產於海南島之花梨近似，為了區別二者，將海南花梨稱為老花梨，將進口花梨稱為新花梨。

黃花黎還有降香、香紅木、香枝木等多種稱謂，在此不一一解釋。

④【莢果】種子成熟期為每年 10 月至翌年 1 月，莢果呈帶狀，長橢圓形，果瓣革質，有種子的地方明顯隱起，厚可達 5 毫米，通常有種子 1-3 粒。熟時不開裂，不脫落。種子腎形，長約 1 厘米，寬 5-7 毫米，種皮薄，褐色。

⑤【生於儋州的降香黃檀】黃花黎的自然生長，除合適的氣候、土壤、海拔等條件外，對於伴生植物也有選擇。野生的海南黃檀很少成片生長，多與竹林、荔枝林、香合歡、雞尖、厚皮樹，或麻楝、垂葉榕、幌傘楓、白茶等植物混生成群。有豐富經驗的林農，可根據這些伴生植物找到黃花黎；同理，發現黃花黎又可找到相應的伴生植物。

⑥【西雙版納的降香黃檀】1960 年代種植於中國科學院西雙版納熱帶植物園的黃花黎，因對生長環境的要求苛刻，故常常受到其他快速生長的樹木擠壓、遮蔽，形成側彎，不得已只有向有利於自己生長的空間伸展。

# 木材特徵

邊　　材：　淺黃或灰黃褐色，與心材區別明顯。

心　　材：　黃、金黃色或紅褐、深紅褐、紫紅褐色；顏色深淺不一，其
　　　　　　黑色條紋，黑色素聚集不均勻而產生團塊狀或不規則帶狀。

氣　　味：　新切面辛辣香味濃郁，久則減弱。從舊家具或舊材上輕刮
　　　　　　一小片，也能聞到辛香味，這往往是鑑別黃花黎的主要經驗
　　　　　　之一。

生 長 輪：　明顯

紋　　理：　紋理清晰、張揚而不狂亂、交叉或重疊，由不同紋理產生多
　　　　　　種生動、天然的圖案，如著名的鬼臉紋、水波紋、動物紋等。

光　　澤：　晶瑩剔透，光芒內斂，由裏及表，這是黃花黎與其他黃檀屬木
　　　　　　材的主要區別。

油　　性：　油性強，特別是產於西部顏色較深的油黎，手觸之而有濕滑
　　　　　　潤澤之感。

熒光反映：　無

氣乾密度：　0.82–0.94g/cm$^3$

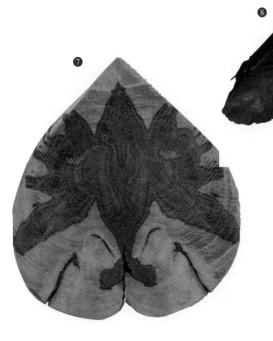

⑦【根的橫切面】淺色部分係未轉化為可用
　的心材之邊材，深咖啡色部分形似飛鳥而
　不規則，對應着生長於風化岩上分散的樹
　根。黃花黎紋理形成機制，如從技術層面
　上研究應是一門極為複雜的學問。（收藏
　與攝影：魏希望）

⑧【形如刺蝟之火焰紋】此種美紋多出現於枝
　根或樹幹曲折急轉處，採用弦切的古法，
　才有可能清晰地看到火焰紋之本相。新伐
　材稀見此紋。（北京梓慶山房標本館）

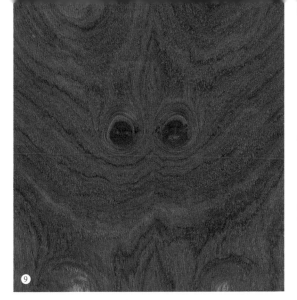

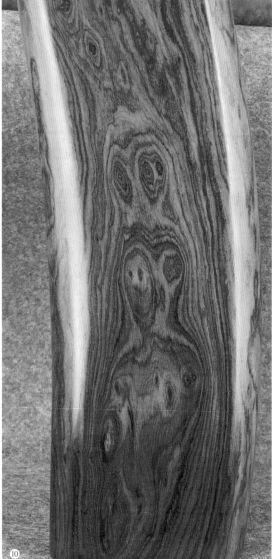

⑨【鬼臉紋】此紋由尚未脫落的死節形成,漆黑而怪異的鷹眼似乎直指人心。死節的定位而產生周圍金色的圖形紋理,由此延展、激盪,如月到天心,風拂水面。(標本:海口馮運天 攝影:魏希望)

⑩【狸斑紋】此木紋理與《廣東新語》:"海南文木……其文有鬼面者可愛,以多如狸斑,又名花狸。……其節花圓暈如錢,大小相錯,堅理密緻……"的記載相吻合。(標本:王名珍 攝影:魏希望)

⑪【明·黃花黎圓角櫃櫃門心局部】此木已近紅褐色,符合《本草拾遺》"櫚木,似紫檀而色赤"之說,且左右曲線對應,中間水波不興,與樹幹表面活的包節是一種絲絲入扣的對應關係,從外表特徵即可知曉樹木內部世界的變幻。(北京梓慶山房標本館)

⑫【丘壑之美】沉於河底被泥沙沖刷,溝槽滿身的黃花黎陰沉木,其紋理形似丘壑,狀如秋火。恰如北宋王安石《九井》詩曰:"山川在理有崩竭,丘壑自古相虛盈。"這種現象在黃花黎的紋理之中並不多見,這也是黃花黎紋理不確定性的又一例證。(標本與攝影:魏希望)

# 木材分類

黎人分類法
- 油黎，又稱油格，主要指產於海南島西部、西南部心材顏色深、比重大、油性強的黃花黎。
- 糠黎，又稱糠格，主要指產於澄邁、臨高、儋州之色淺、比重輕、油性差的黃花黎。

按地區分
- 東部料：代表地區為瓊山之羊山地區，又稱羊山料。
- 西部料：代表地區為昌江縣王下地區，又稱昌江料或王下料。

按沉水與否分
- 沉水（部分油黎比重大於 1）
- 半沉半浮（東部料）
- 浮於水（糠黎）

按木材形狀、用途分
- 原木（包括新料、老料）
- 板方材
- 小料（包括徑級 10 厘米以下的樹幹、枝椏材等）
- 舊家具料（包括各種日用家具、農具及其他器具）
- 房料（包括房屋建築各部位所用木材）
- 陰沉木（如棺材板、埋入河流及地下的原木等）
- 根料（即樹苑）

按顏色分
- 淺黃泛灰白者（主產於澄邁、臨高、儋州，或包括部分人工林）
- 淺黃、黃、金黃（主產於東部、東北部之海口、瓊山、定安）
- 淺褐色、紅褐色、紫褐色（西部、西南部之昌江、東方、樂東、三亞）

⑬【漚山格】東方市大廣壩地區的漚山格。所謂漚山格，即伐後遺留於山野的樹苑，或掩埋於土的樹幹、枝椏，或枯死於岩石縫隙中的樹根。（攝影：于思群）

⑭【羊山地區的黃花黎橫切面】產於瓊山羊山地區的黃花黎，因火山爆發後形成火山灰堆積，火山石密佈的特殊地質現象，故其所生黃花黎比重較大、紋理華美瑰麗、質地柔膩。（標本：符集玉 攝影：于思群）

⑮【王下料】王下料質地緻密堅硬，材色泛紫，深褐色者多，與其特殊的地質環境有關。地下高品位的金礦、鐵礦資源豐富，黃花黎生長的土壤之中微量元素發生變化，對其密度、材色、油性均有至關重要的影響。（標本：海口 王名珍）

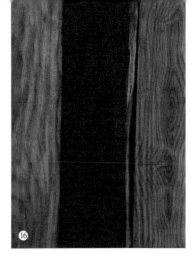

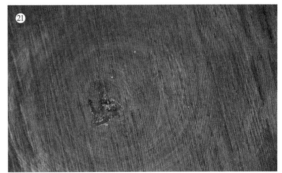

⑯【沉水料】中間幾近墨黑者為產於昌江的黃花黎，入水即沉，此種材色極為稀有。兩邊紅褐色的黃花黎，比重稍輕，材色相異。（標本：海口 鄭永利）

⑰【海南瓊山金黃色的黃花黎】色澤金黃、刨花自捲，手捻即碎，辛香繞指，是明代黃花黎製器的重要選擇。（標本：馮延天）

⑱【原材料】已除邊材的黃花黎原木、板材老料。（收藏：北京梓房山房）

⑲【漚山格】此物生長於岩石夾縫中，長約 160 厘米，通體扁平，因受岩石擠壓，凹凸不平，色呈紫褐。（收藏：鄒鴻——紫藝坊海南黃花黎藝術館）

⑳【臨高料】產於臨高的黃花黎，色近土黃泛白，比重較輊。（標本：符集玉　攝影：于思群）

㉑【紫油黎】紫油黎多分佈於昌江、東方及樂東或崖城地區，材色深紫，比重大，油性也大。自然分佈的數量極少，目前市場上的存量也屈指可數。（海口鼎臻古玩市場）

# 木材應用

## (1) 主要用途

**家具**：用黃花黎製作家具的歷史較長，《本草拾遺》即有"櫚木……，用作牀几"之記載。黃花黎家具興盛於明朝，特別是明末及清初。不管海南島還是大陸地區，黃花黎家具的種類、形制多種多樣，涉及到家具的各個門類，幾乎無所不包。

**農具**：如犁、牛軛、牛鈴、牛車、斧頭柄、彈棉花工具、織機及織布工具、木耙、玉米脫粒器、木錘（用於拍打堅果）、臼、舂棒、米櫃、水桶、水瓢等。

**樂器**：二胡、琵琶、嗩吶、古琴、笛子、簫。

**建築**：海南的民居、寺廟有不少全部或部分採用黃花黎，如立柱、橫樑、牆板、門框、門板、窗戶或建築雕件。

**藥用**：《本草拾遺》曰："味辛，溫，無毒。主破血血塊，冷嗽，並煮汁及熱服。"黃花黎心材行氣化淤，止血止痛，辟穢。也用於風濕性腰腿痛，心胃氣痛，吐血，咯血，金瘡出血，跌打損傷及消炎。黃花黎的心材（特別是根部）常替代降香，是降香來源減少後之替代品。

㉒【海口東湖市場】東湖市場位於海口人民公園一側，原為花鳥市場。21世紀初，這裏每周六、日以擺地攤的形式出售海南黃花黎原料、擺件，沉香及沉香工藝品，南海出水碑碣、陶瓷及其他文物。2015年6月25日被正式取締。圖中出售的主要為黃花黎根料、折疊椅及家具殘件和茶壺等工藝品，這也是海南黃花黎資源枯竭的力證。

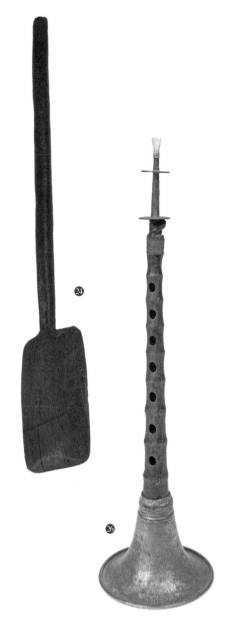

㉓【海南民居黃花黎雕人物構件】(收藏：馮運夫)

㉔【黃花黎木鏟】(標本：海南白沙縣 王好玉攝影：魏希望)

㉕【黃花黎犁轅】(收藏：魏希望)

㉖【黃花黎杆嗩吶】(收藏：魏希望)

㉗【深色油黎根藝】(收藏：魏希望)

## (2) 一木一器

　　有的人認為產於海南島的黃花黎沒有大料，這一認識是錯誤的。目前所見板材寬度在 50–60 厘米者不少，原木小頭直徑在 50–60 厘米的也有。從古代留存至今的黃花黎家具，顏色、紋理完全一致或接近一致者居多，特別是明朝或清早期優秀的明式家具。宮廷家具抑或文人家具，其審美價值體現於黃花黎家具，則是顏色乾淨、紋理流暢、圖案自然而完整。這一近乎苛刻的要求只有黃花黎才能達到，也只有一木一器或一木成堂才能臻至如此妙境。在大料稀少，原料尺寸、長短、顏色、比重、來源不一的條件下，儘量將顏色、花紋近似者歸類成器；有大料則考慮一木一器。需要指出的是，"一木一器" 並非等同於所謂 "滿徹"，明代優秀家具之抽屜板、穿帶、背板也多用其他木材。

## (3) 選料與歸類

　　黃花黎的顏色、紋理、油性、比重、光澤、尺寸差別很大，如何選料與歸類是第一步的工作。首先將新料、舊料分開，選長料、大料，以確定製作甚麼樣的家具；其次將顏色近似的歸入一類，長短、尺寸近似的分開歸類。另外，將花紋奇美、包節連綿的

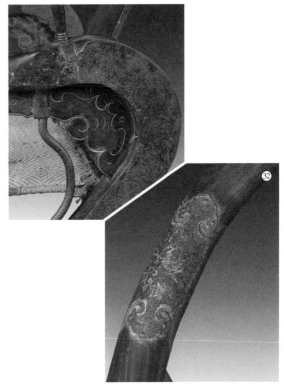

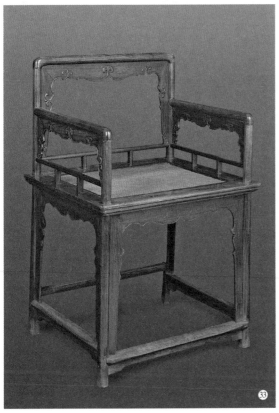

㉘【明・黃花黎插門式官皮箱】官皮箱方正周致，前後、上下、左右均用同色同紋之黃花黎獨板，如一木整挖，用材素樸考究。銅活之轉軸藏於內，令表面齊整，箱的角、邊並未用白銅活包鑲裝飾，而由木材天然的色彩與紋理自然勾連，看似巧合，實為用心。此器無論用材還是工藝，在明代及清初所製官皮箱中均較少見。（收藏：遼寧 馮慶明 攝影：韓振）

㉙【清・嵌玉包銅角官皮箱局部】官皮箱色澤金黃透紅，紋理清晰。（收藏：北京 劉傳俊 攝影：崔憶）

㉚【明・黃花黎交椅】“交木而支”是交椅的基本特徵。自五代以來，特別是宋代，交椅使用已很普遍，宋畫與相關文獻已有不少記錄。如南宋黎靖德所編纂的《朱子語類》便將交椅與理學勾連：“然器亦道，道亦器也。道未嘗離乎器，道亦只是器之理。如這交椅是器，可坐便是交椅之理。”宋代名僧釋了慧《大慧宏智揖讓圖讚》曰：“既不以爵，又不紱齒，何得過謙，讓之不已。若謂是臨濟家風，洞上宗旨，笑倒磨光黑交椅。”交椅的製作工藝極為複雜，似此件明代佳品，存世量更是極為稀少。（資料提供：南京止大拍賣公司）

㉛㉜【交椅局部】交椅每一相交點多以鐵或銅片相裹，起加固作用。交椅之鐵飾件表面常鋄金或鋄銀花紋。鐵鋄銀的製作工藝相當複雜，首先要在鐵片的表面鑿剎出極細的花紋，然後將銀絲或銀葉錘打到花紋上，由於銀比鐵軟，故能嵌入花紋裏。裝飾鐵鋄銀的家具，在全世界屈指可數。鐵鋄金的原理、工藝亦然，唯數量更加稀少。

㉝【明・黃花黎玫瑰椅】明清兩代的玫瑰椅形式變化不大，但其紋飾與構件幾無定式。此椅線條清晰、纖細，花草相連而不絕；構件結合自然，上下問答、左右呼應，應為明式玫瑰椅之模範。（資料提供：南京正大拍賣公司）

特殊木料挑選出來，這些特點可以通過表面或刮、刨、磨的方法發現；紋理、顏色、油性，也可使用這一方法找出。

## （4）開鋸

開鋸前，須據設計師的要求，逐一挑選適合於每一件家具製作的木料，一般長料裁成大邊，寬料鋸成薄板。邊、牙子、腿的最佳製材方法為徑切，紋理順直。而大料（特別是原木）以弦切為主，花紋變幻出人意料，圖案完整。特別是有包節（具癭紋）的木料，不能從包節中間下鋸，應平行包節輕薄下鋸，觀察花紋的走向，再決定第二鋸如何開。黃花黎材料珍稀難得，如同紫檀一樣，長料不能截短，寬料不能鋸窄，因材成器是最重要的用料法則。

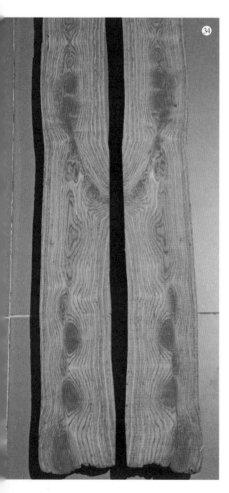

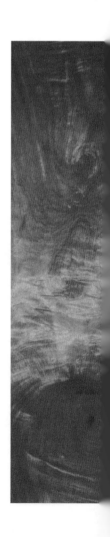

㉞【一樹對開】櫃之腿柱、案之大邊、櫃門心或椅之靠背板，十分講究一樹對開或四開，以保證顏色、紋理的一致，這是重器、美器成敗的第一步。（收藏：鄒鴻）

㉟【弦切之美】（標本：北京梓慶山房）

㊱【擇料】黃花黎家具的木材選配十分講究，第一步是將同一根料的板材或顏色相近者、紋理相似者歸類，標明尺寸，然後再依料成器，物得其宜。（收藏：鄒鴻）

㊲【靠背板】黃花黎四出頭官帽椅多成對製作、擺放，靠背是其最引人注目的關鍵處，對於材料質地、顏色、紋理要求極高。因此靠背板採用一木對開，以期紋理完全一致。當然，形與神，還是首要的。（收藏：鄒鴻）

㊳【明·黃花黎獨板架几案】架几案之案板長 247.8× 厚 12× 寬 48 厘米，為花紋奇美之獨板，架几帶托泥，各構件尺寸與案板比例協調一致，渾然天成，大氣磅礴，剛健朗暢，是明代黃花黎架几案之妙品。（北京私人收藏　攝影：韓振）

㊴【清·黃花黎邊大理石面長方香几】（攝影：崔憶）

㊵【明·黃花黎鬼臉紋筆筒】此筆筒的形式、選料、工藝並無令人驚奇之處，但處處規矩、用心，絕無故弄玄虛、賣弄手藝之嫌，任器物自己表達本心、平視周圍，可作為明代筆筒之模範。（收藏：北京　劉俐君　攝影：韓振）

㊶【黃花黎面心紫檀欄杆式都承盤】都承盤為文房用具，呈方形，面心為黃花黎一塊玉，其餘為紫檀木。四面欄杆為井字檀格，下設抽屜兩具。三面盤牆均為紫檀木獨板。都承盤用紫檀搭配黃花黎，一深一淺，一冷一暖；上部空靈通透，下部敦厚密實，一空一實，一無一有。如此一體，猶如宋人嚴羽《滄浪詩話》所云："漢魏古詩，氣象混沌，難以句摘。"（設計：沈平　工藝與製作：北京梓慶山房　周統　攝影：韓振）

## (5) 配料

由於黃花黎木材特徵的特殊性決定其家具配料的複雜性,主要方法有:

花紋:無論何種形制,其邊、牙子、腿以直紋、同色者為佳,而心(面)板則以花紋美麗、多變、豐富者為妙。

顏色:一木一器而同色最宜,以邊、牙子、腿同色(或深色),心(面)板淺色而次之。絕不可心(面)板色深,而邊、牙子、腿色淺,喧賓奪主、輕重顛倒。

## (6) 木材搭配

紫檀:紫檀色深,黃花黎色淺,後者處於次要位置。故黃花黎可以做心(面),二者混配,以香几、小案、箱盒及椅凳等小型家具為宜,不宜製作櫃類等家具,色差對比過於強烈,主次不分。

金絲楠:取紋理奇美、光澤內斂之癭木可做桌面、櫃門心、案心或官皮箱門心。

格木:一般用作食盒底板,有金幫鐵底之稱。另外,格木也用作穿帶及邊、腿,廣東、海南製作的黃花黎牀、榻的牀板也用格木,主要是其特有的穩定性所致。

柴木:側板、背板、頂板、抽屜板也常用柏木、杉木或松木,海南牀、榻的牀板多用沉香木。

石材:祁陽石、五彩石、大理石、綠石、黃蠟石也常代替癭木與黃花黎相配成器。

斑竹:又稱湘妃竹,與癭木的作用相似。

## (7) 乾燥

黃花黎的乾燥較為容易,黃花黎的顯著特徵即富集降香油而芬芳四溢,採用急乾的人工乾燥方法會流失大量的芳香物質。一般建議,舊料按設計要求製材後上架自然通風乾燥,新材也以自然陰乾為上,次之則採用低溫窯乾。

## （8）雕刻

　　優秀的明式家具，特別是黃花黎家具所突出的重要一點便是顏色、紋理的自然美，黃花黎本身紋理如行雲流水，自然延綿，應故不應以人工雕飾滅其天趣。如果有必要也應順其紋理少雕、巧雕，所設計的雕刻圖案與家具所要表達的主旨、思想吻合，不必為突顯高超的手藝而畫蛇添足。

㊷【黃花黎雕龍紋衣架局部】衣架由一根尾徑近40厘米、長240厘米的海南黃花黎原木製成，顏色、紋理、油性一致，為典型的"一木一器"。（收藏：河北保定 李明輝）

# 三、花梨木

## Padauk

**學名** 花梨木為豆科紫檀屬（Pterocarpus）中花梨木類木材之統稱，按《紅木》標準（指《紅木國家標準（GB/T18107-2000）》，後同）應分開排列：

| 中文 | 拉丁文 |
|------|--------|
| 越柬紫檀 | Pterocarpus cambodianus Pierre. |
| 安達曼紫檀 | Pterocarpus dalbergioides Benth. |
| 刺蝟紫檀 | Pterocarpus erinaceus Poir. |
| 印度紫檀 | Pterocarpus indicus Willd. |
| 大果紫檀 | Pterocarpus macrocarpus Kurz. |
| 囊狀紫檀 | Pterocarpus marsupium Koxb. |
| 鳥足紫檀 | Pterocarpus pedatus Pierre. |

註：越柬紫檀、鳥足紫檀為大果紫檀之同種異名，新版《紅木》標準已刪除這兩個樹種。

**別稱** **中文：** 花梨、草花梨、緬甸花梨、青龍木、番花梨、洋花梨、薔薇木、赤血樹、羽葉檀

**英文及土語：** Padauk, Narra, Bijasal, Pradoo

**科屬** 豆科（LEGUMINOSAE） 紫檀屬（Pterocarpus）

**產地** **原產地：** 亞洲熱帶地區如菲律賓、印尼、越南、柬埔寨、老撾、泰國、緬甸、印度、斯里蘭卡。南太平洋之巴布亞新幾內亞、所羅門群島、斐濟、瓦努阿圖等。非洲熱帶地區之贊比亞、剛果（金）、幾內亞、安哥拉等。

**引種地：** 中國及其他熱帶國家

**釋名** 花梨木，北京硬木行內也稱為"草花梨"，一般指豆科紫檀屬中花梨木類的木材。古代將產於海南島的降香黃檀稱為"花梨"，將從國外進口的紫檀屬部分木材亦稱為"花梨"，後來為了區別二者，給前者加上一個"黃"字，而給後者加上一個"草"字，既有明顯的褒前貶後之意，也是收藏家及工匠從本質上對二者的區別。清朝則稱進口的花梨木為"洋花梨木"、"番花梨"，如乾隆四十三年二月初二日造辦處檔案有"洋花梨木鑲銅花活動人物三件、自鳴時刻棹鐘一對、洋花梨木鑲銅花自鳴鐘時刻樂鐘一對"之記錄。晚清梁延枏《粵海關志》卷九《稅則二》記載："番花梨、番黃楊、鳳眼木、鴛鴦木、紅木、影木每百斤各稅八分。"

① 【花梨樹】生長於泰國孔敬府（Khon Kaen）農用中的花梨，樹高約 30 米，離地面 1.5 米處的主幹
　 直徑約 1 米。（協助拍攝：泰國清盛　楊明　玉應罕）

② 【葉與莢果】老撾南部的阿速坡省（Attapeu）是花梨木的主產區，也是老紅木、酸枝木及其他名貴
　 木材的原產地和集散地。七月的花梨莢果並未成熟，呈圓形，包含種子一粒。

③ 【桑托島的花梨】南太平洋瓦努阿圖的桑托島（Espirita Santo）原產著名的檀香木及花梨木（即印度
　 紫檀），如今檀香幾乎絕跡，印度紫檀也僅剩次生林或人工種植於濱海地帶的樹木。其主幹挺拔、
　 瘦大而多，板根可高達 3 米左右。

④ 【花梨樹苑】1825 年英、法殖民者先後來到瓦努阿圖，對這裏的珍稀樹木及其他資源採取掠奪式
　 的開採，檀香木、花梨等樹木被砍光，只留下可以再生的樹苑。印度紫檀（即花梨木）萌發能力
　 極強，伐後樹樁留有大量樹脂，易於真菌侵入而使新生之樹幹心腐或根腐，這也是印度紫檀或紫
　 檀屬樹木的顯著特色。

⑤ 【莢果】桑托島印度紫檀莢果

# 木材特徵

　　每一種花梨木從樹幹表面至木材內部的特徵都有區別，這裏以三個不同種、不同地區的花梨木來分別描述。

## (1) 印度紫檀

　　印度紫檀又有青龍木、赤血樹、羽葉檀、紫檀、薔薇木等多種稱謂。其活立木板根約 2–3 米高或更高，在地上蔓延的幅面直徑約 10–15 厘米，其材質、顏色、花紋及氣乾密度在所有花梨木中變化是最大的，故對其材質的評價，特點的把握也十分困難。

| | |
|---|---|
| 邊　　材 | 白色或淺黃色 |
| 心　　材 | 分黃色與紅色兩種。黃色從淺黃至金黃，金黃者高貴，特別是幾百年的房料金黃且晶瑩剔透，與新料區別明顯；紅者從淺紅至深紫紅色，比重大者、老者氣色近似紫檀。心材深色條紋寬窄不一，但十分清晰。 |
| 熒光反映 | 呈藍色或淺藍色機油狀液體 |
| 劃　　痕 | 沒有 |
| 生 長 輪 | 明顯 |
| 紋　　理 | 印度紫檀所產生的美麗花紋是所有花梨木中最讓人激動的，除了深色紋理清晰多變外，它所組成的圖案宛若天成，自然而生動。印度紫檀活立木樹幹多數都長癭，國際市場上"Amboyna 癭"是專為印度紫檀所生癭而命名的，大者直徑約 2–3 米，重約 3–5 噸，花紋瑰麗奇致、流變鮮活。 |
| 香　　氣 | 新切面有清香 |
| 沉 積 物 | 管孔常含黃色沉積物 |
| 氣乾密度 | 0.39–0.94g/cm$^3$ |

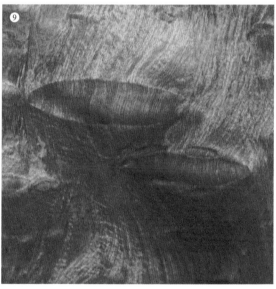

⑥【花梨樹幹】阿速坡花梨樹幹包節連續，為紅蟻所蛀，遍佈創傷。

⑦【瘿】印度紫檀最易滿身生瘿，且成大瘿，桑托島之印度紫檀尤其如此，幾乎無一無瘿。此瘿已被榕樹根系包裹，久則形成著名的"絞殺死"現象，被包裹的花梨全被纏死，截斷陽光、水分與營養的路徑而最終成為外來的榕樹生命之源。榕樹生於印度紫檀之上的原因，有可能是榕樹的籽被鳥含在嘴裏或食後成為糞便而落於花梨樹幹上，也有可能被大風吹落於花梨樹幹上而發芽、生長。

⑧【瘿】已存放約 300 年之久的花梨瘿之局部，無任何人為加工，品相完整。長約 2 米，寬約 1.2 米，厚 15 厘米。（標本：北京 張旭）

⑨【花梨木的犀角杯紋】（標本：河北 邵慶勞）

⑩【樹樁新切面】瓦努阿圖桑托島所生印度紫檀樹樁之新切面，色豔紋美，板根痕跡明顯。

## (2) 大果紫檀

　　大果紫檀因主產地為緬甸，多被稱為緬甸花梨木，實則老撾、泰國等地也有分佈。且一般認為泰國所產為上，緬甸次之，老撾為下。泰國花梨木較早進入中國，有顏色乾淨、紋理清晰、油性較大等特點，然近三十年來，此木幾近絕跡。1990 年代，中國市場上主要以緬甸花梨木為主，近幾年則以老撾花梨木或柬埔寨的花梨木為主，其顏色深淺不一且不均勻，板面不乾淨。故本文以緬甸花梨木的基本特徵作為典型介紹。

| | |
|---|---|
| 邊　　　材 | 淺白或灰白色 |
| 心　　　材 | 分黃色、紅色兩種，但二者的色澤或特點並沒有印度紫檀那麼鮮明。紅者呈淺紅色或磚紅色多；另有一種金黃色者，材色乾淨，顏色純，無雜色，光澤強，透明度高。有觀點認為緯度較高，生長於環境惡劣的山區的花梨心材顏色呈磚紅色；緯度較低，生長條件優越的平原地區的花梨心材為金黃色或淺黃色。 |
| 熒光反映 | 呈藍色或淺黃色機油狀液體 |
| 劃　　　痕 | 沒有 |
| 生 長 輪 | 明顯 |
| 紋　　　理 | 有深淺不一的帶狀紋，畫面奇巧者鮮見。有大癭，且佛頭癭較多，紋理細密勻稱。中國古代家具中的花梨癭多數源於佛頭癭。 |
| 香　　　氣 | 新切面香氣濃郁，但鋸末刺激眼睛和鼻子。 |
| 沉 積 物 | 管孔內含深色樹膠沉積物 |
| 氣乾密度 | 0.80–0.86g/cm$^3$ |

⑪【樹苑橫切面】泰國東北部新伐未製材的花梨，樹皮灰黑色，
　　主幹凹凸、溝槽深陷，故樹苑之橫切面也極不規則，很難切
　　出符合標準的高質量板材。（手機攝影：楊明　玉應罕　泰
　　國清盛）

⑫【建築立柱】源於泰國的花梨木建築立柱。凡花梨木建築構
　　件，接近地面部分受潮後，易形成端面空腐及表面溝槽紋，
　　原本的黃色、紅色等材色，就會變成深紫紅色。（標本：雲
　　南西雙版納　聶廣軍）

⑬【癭】此標本脫落於緬甸產花梨木原木，迴旋曲折的絲紋源
　　於小節，此種癭並不會波及心材，故心材紋理的形成與特徵
　　並不全受到外部癭包的影響，似乎只有緬甸產花梨木有如
　　此矛盾、排斥的現象。（標本：北京梓慶山房標本室　攝影：
　　馬燕寧）

⑭【佛頭癭】

⑮【水浸液】緬甸花梨凹處雨後積水，有明顯的淺黃色液體。
　　另一種水浸液如藍色機油狀，黏手，較難清洗。這也是分辨
　　花梨木的經驗方法之一。（仰光）

## (3) 刺蝟紫檀

　　非洲熱帶地區所產紫檀屬樹種中唯一列入《紅木》標準的便是刺蝟紫檀。其主產地為貝寧、塞內加爾、幾內亞比紹等中非及西非熱帶地區。貿易名稱 Ambila，在塞內加爾則有"塞內加爾紅木 (Senegal Rosewood)"之稱，幾內亞比紹稱為 "Pau Sangue"。據有關木材學著作介紹，刺蝟紫檀胸徑可達 1 米左右，但進入中國的原木徑級多在 20-30 厘米，大徑者並不多，或與過度採伐有關。由於其樹幹表面凹凸不平，溝槽深淺不一，且徑級不大，出材率低，剛進入中國時並不受市場青睞。近幾年由於黃花黎極為稀缺，而刺蝟紫檀之顏色、紋理近似於黃花黎，故其關注度與市場價格也直線上升。

| | | |
|---|---|---|
| 樹　　皮： | 樹皮灰白色或深灰色，呈不規則長條塊形，凹凸不平，溝槽狀明顯。 |
| 邊　　材： | 淺黃色或奶白色 |
| 心　　材： | 一種為深黃色但光澤暗淡；另一种為紅褐色或玫瑰紫紅色。前者居多，常被深色條紋分割。 |
| 紋　　理： | 深咖啡色或黑色紋理明顯，所形成的圖案接近於海南黃花黎，但其最大的缺陷是木材板面顏色暗淡、光澤差，且雜色較多，略顯呆板、黏滯。 |
| 氣　　味： | 新切面氣味刺鼻難聞，有怪臭味，成器後也難消除。此現象與一些木材學著作的描述有差異。 |
| 氣乾密度： | 0.85g/cm$^3$ |

⑯【刺蝟紫檀原木與方材】刺蝟紫檀幹形差，空腐多，大材較少。

⑰【刺蝟紫檀弦切面】心材顏色不一，花紋較亂，故成器後廠家會將其處理為深褐色，很難分辨其為何種花梨。

⑱【刺蝟紫檀弦切面】材色不乾淨，發烏，紋理寬疏而不清晰。

# 木材分類

按顏色分 { 紅色 / 黃色 }

按比重分
- 花梨木 — 氣乾密度大於 0.76g/cm$^3$
- 亞花梨 — 氣乾密度小於 0.76g/cm$^3$，主要產於非洲，產於亞洲及南太平洋島國的印度紫檀也有相當一部分屬於此類。

按地域分
- 緬甸花梨 — 主要為大果紫檀，分紅色與黃色兩種。
- 泰國花梨 — 古代進口的花梨產於泰國的比例較大。1970–1980 年代，中國進口的花梨主要來源地為泰國、緬甸。
- 老撾花梨 — 老撾將紅色花梨木稱為 Mai Dou Deng，主要為大果紫檀；黃色的稱為 Mai Dou Lerng，多指鳥足紫檀。
- 菲律賓花梨 — 主要有印度紫檀及菲律賓紫檀 (Pterocarpus vidalianus Rolfe.)，土語稱之為 "Narra"，也分紅、黃兩種。
- 南太平洋島國花梨 — 以印度紫檀為主
- 印度花梨 — 以安達曼紫檀最為著名，產於印度洋東北部的安達曼群島、科科群島，島民視之為神靈。另外，囊狀紫檀也產於印度。
- 非洲花梨 — 最為著名的是刺蝟紫檀，常被人用於冒充 "越南黃花梨"，又有 "非洲黃花梨" 之謂。另外，比較著名的樹種還有安哥拉紫檀 (Pterocarpus angolensis DC.)、安氏紫檀 (Pterocarpus antunesii Rojo.)、非洲紫檀 (Pterocarpus soyauxii Taub.) 及變色紫檀 (Pterocarpus tinctorius var. chrysothrix Hauman.)。

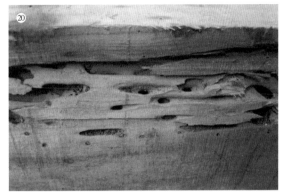

⑲【花梨原木】緬甸仰光，中國林業國際合作集團
公司原木貨場的花梨原木，橫於地面的花梨原
木滿身大節，從端面觀察，並無癭紋。

⑳【菲律賓花梨】菲律賓花梨，應為亞洲分佈帶的
最東端。比重輕，材質疏鬆，蟲眼密集，材色
淺淡。（標本：北京梓慶山房標本室）

㉑【側枝與蟲洞】老撾西南部花梨多蟲眼、蟲道，
這是不同於緬甸花梨之重要特徵。主幹燒糊之
原因，可能為山火所焚或由雷電相擊所致。（老
撾琅勃拉邦）

㉒【花梨建築構件弦切面】海南文昌僑居南洋者
較多，當地近 400 年來的古建築多採用南洋名
木，如花梨、柚木、波羅格、東京木、坤甸等，
而極少採用本地木材。此古建構件新切面，土
黃泛淺灰，紋理呆滯。

㉓【鳥足紫檀】產於柬埔寨的鳥足紫檀，比重大者
超過 1.00g/cm³，材質細膩、緻密、色美紋妍。
（標本：蔡春江 廣西南寧力鑫紅木）

㉔【紅色樹液】泰國東北部新伐的花梨，樹皮滲出
鮮紅如血漿的汁液，紫檀屬樹木多具此特徵。
（手機攝影：楊明 玉應罕 泰國清盛）

㉕【柬埔寨花梨】此標本之原學名"越束紫檀"，新
版《紅木》已將其統稱為"大果紫檀"。密度很
高，顏色紅褐透金，金色捲紋與細密的癭紋糾
纏一體。如此色澤與紋理，為花梨木之稀見。
（標本：蔡春江，廣西南寧力鑫紅木）

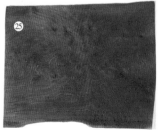

# 木材應用

## (1) 主要用途

**家具**：北京故宮所存家具中有少量為花梨木製，一般博物館及收藏家手裏很少見到傳世的花梨木家具，估計與人們對花梨木材質的偏見有關。現在所能見到的僅是民間日常使用的一般家具，門類齊全，不過年代較近，精品稀昂。

**建築及內簷裝飾**：宮殿、寺廟及民房的立柱、門、門框、牆板、落地罩、槅扇、門窗。故宮、頤和園均有多處建築之內簷裝飾採用花梨木。北京八大處靈光寺新建大殿也採用緬甸花梨木、柚木與白蘭木。"花梨"在中國古代文獻，特別是明清兩朝的歷史典籍中有許多記載。明代黃省曾《西洋朝貢典錄·溜山國第十四》記載，今馬爾代夫產花梨木，並稱"凡為杯，以椰子為腹，花梨為跗。"泰國、緬甸的古代建築或裝飾、家具除了柚木以外，用量最大的便是花梨木。泰國有一王宮全部採用金黃透亮的花梨木建造，緬甸曼德勒也仿泰國王宮用花梨木建造了一座高級酒店。

㉖【花梨木建築】緬甸曼德勒 Rupar Mandalay Resort，所有建築及內簷裝飾均採用上等的花梨木，包括地板、台階、走廊。

## （2）用料與工藝

　　花梨木大料易得，來源充足，很少被收藏家所看重，匠人也很少用心於此類家具的製作，故傳世精品極少。新製的花梨木家具如想達到可以收藏的級別，一定要在選材配料、工藝及設計方面下功夫。有人用海南老房料製作花梨木家具，在造型、工藝、手感方面幾乎比肩黃花黎家具，在審美方面達到了相當高的層次。

## （3）木材搭配

　　花梨木色澤、光澤度、紋理與其他硬木有明顯的差別，故與其他木材的搭配使用便十分必要。花梨木可與深色的烏木、老紅木、微凹黃檀、東非黑黃檀及陰沉木相配，而不宜與暖色木材相配。黃色的花梨木與深紅色的花梨木相配，相得益彰，顯得穩重而有層次感。花梨木與其他木材相配的比例、部位，在設計時便應有所考慮，比例、虛實、色差、觀感均應處於適中的位置。

## （4）花梨木癭木的利用

　　花梨木有兩種著名的癭，即產於印度安達曼群島的花梨木“鹿斑紋”和產於南亞、東南亞及南太平洋群島的印度紫檀“Amboyna癭”。花梨癭除了用於工藝品的製作外，一般用於案面心、桌面心或櫃門心、官皮箱門心。花梨癭紋理講究清晰、細密、均勻、有序、生動、奇巧，用於櫃門心、官皮箱等地方，一般講究顏色與紋理的對稱、圖案的完整與清晰。不過，癭木始終起點綴的作用，切忌用花梨癭做一件家具或一堂家具。

## （5）表面處理

　　花梨木鬃眼較大，手感略糙，故表面處理亦不同於其他木材。須封鬃眼、擦大漆，而不適於燙蠟。燙蠟會使其表面顯得不乾淨而降低美感。

㉗【花梨木雕釋迦牟尼像】（資料提供：中國
　工藝美術大師　童永全，四川成都）

㉘【花梨木方材四出頭官帽椅】

㉙【小圓角櫃】深黑色部分為東非黑黃檀，
　俗稱紫光檀，櫃門心採用花紋奇美的緬
　甸花梨，側板則用花梨素板。用材精妙，
　器型小巧可愛。（設計：沈平　製作與工
　藝：北京伴慶山房　局銳）

# 四、老紅木

## Siam Rosewood

**學名**　**中文：**交趾黃檀

　　　　**拉丁文：**Dalbergia cochinchinensis Pierre ex Laness

**別稱**　**中文：**老紅木、紅酸枝、大紅酸枝、紫檀（日本、台灣及東南亞等地）、帕永、熊木、暹羅玫瑰木、泰國玫瑰木、暹羅巴里桑、南方錦萊、交趾玫瑰木、印度支那玫瑰木、東京巴里桑、火焰木、埋卡永、老撾玫瑰木

　　　　**英文或地方語：**

| 泰國 | Payung, Bearwood, Siam rosewood, Thai rosewood, Palisandro de Siam |
| --- | --- |
| 越南 | Trac, Trac nambo, Trac bong, Cam lai nam, Cochin rosewood, Indochina rosewood, Palisandro de Tonkin |
| 柬埔寨 | Kranghung, Flamewood |
| 老撾 | Mai kayong, Pa dong khao, Lao's rosewood |

**科屬**　豆科（LEGUMINOSAE）　黃檀屬（Dalbergia）

**產地**　**原產地：**泰國的東部、中部及東北部，老撾中部及南部，柬埔寨及越南廣平省以南地區。

　　　　**引種地：**原產地有部分移種及人工種植，我國海南島、廣西及雲南有少量人工種植。

**釋名**　與老紅木相聯的概念還有新紅木、紅木，為了區別三者，故分開敍述：

**老紅木：**在北京硬木行中將心材顏色紫紅、深褐色的紅酸枝稱為老紅木，經過舊家具殘件的檢測與對比，主要指產於泰國、老撾、越南、柬埔寨之交趾黃檀（Dalbergia cochinchinensis）。據《古代南海地名匯釋》，交趾（Cochi）又作交州，原指我國廣東沿海以南一帶，後指以今河內一帶為中心之越南北部。僑居越南的華僑鄭懷德（1765–1825 年）所撰《嘉定通志》，為越南南方的地方誌，其中有關紅木的記錄便有："紅木，葉如棗，花白，所產甚多。最宜几、案、櫃、橫之用，商舶常滿載而歸。其類有花梨、錦萊，物價較賤。"這裏的錦萊即交趾黃檀。

**新紅木：**歷史上老紅木之名最早起源於北京，在江浙滬及廣東很少見到這一稱謂，這也是較之進入中國較晚（約清末）的酸枝木（奧氏黃檀，Dalbergia oliveri）而言，酸枝木則謂"新紅木"。王世襄先生在《明式家具研究》中稱："紅木也有新、老之分。老紅木近似紫檀，但光澤較暗，顏色較淡，質地緻

密也較遜，有香氣，但不及黃花梨芬郁。新紅木顏色赤黃，有花紋，有時頗似黃花梨，現在還大量進口。"

**紅木**：紅木的概念與名稱來源、範圍在不同的歷史時期有不同的認識。明代張燮《東西洋考》論及蘇木稱："《華夷考》曰：'蘇枋樹出九真，南人以染絳。'《一統志》曰：'一名多那，俗名紅木。'"這裏的"紅木"指蘇木，是從其材色而言，而不是指今天我們認識的紅木。紅木之名較早見於乾隆時期的清宮造辦處檔案，如"乾隆八年二月十三日，司庫白世秀、副催總達子來說，太監胡世傑交紅木彩匣一件……"而朱家溍先生在《雍正年的家具製造考》一文中認為"紅豆木即紅木"，是值得商榷的。清代徐珂《清稗類鈔》稱："紅木產雲南，葉長橢圓形，端尖，開白花，五瓣，微赭。其木質堅色紅，可為器。"民國時期趙汝珍《古玩指南》則稱："凡木之紅色者，均可謂之紅木。惟世俗之所謂紅木者，乃係木之一種專名詞，非指紅色木言也。……木質之佳，除紫檀外，當以紅木為最。……北京現存之紅木器物，以明代者為貴，俗謂之老紅木。蓋明代製器，均取紅木之最精美者，疵劣不材，絕不使用，自有其貴重之理存焉。"出版於 1944 年的《中國花梨家具圖考》(*Chinese Domestic Furniture*) 則將印度紫檀 (Pterocarpus indicus) 的一個亞種、闊葉黃檀 (Dalbergia latifolia)、安達曼紫檀 (Pterocarpus dalbergioides) 及大果紫檀 (Pterocarpus macrocarpus) 稱為 "紅木"，同時認為海紅豆 (Adenanthera pavonina) 也是紅木的一種。

1990 年代，上海將紫檀、花梨、酸枝、烏木、雞翅木、癭木稱為紅木，並作為地方技術標準頒佈，江蘇也有此類標準。

廣東則將紫檀、降香黃檀、交趾黃檀、巴里黃檀、奧氏黃檀、刀狀黑黃檀、黑黃檀、闊葉黃檀、盧氏黑黃檀、烏木、印度紫檀、安達曼紫檀、大果紫檀、越柬紫檀、鳥足紫檀等納入紅木範疇。上述地區也有將紫檀及交趾黃檀稱為"老紅木"，而將有香味的降香黃檀等黃檀屬木材稱為香枝木或香紅木的情況，涵蓋的木材種類更廣。

**紅木的國家標準**：2000 年 8 月 1 日實施的《紅木國家標準 (GB/118107-2000)》對"紅木"的定義為："紫檀屬、黃檀屬、柿屬、崖豆屬及鐵刀木屬樹種的心材，其密度、結構和材色 (以在大氣中變深的材色進行紅木分類) 符合本標準規定的必備條件的木材。此外，上述 5 屬中本標準未列入的其他樹種的心材，其密度、結構和材色符合本標準的也可稱為紅木。"

《紅木國家標準（GB/T18107-2000）》將紅木分為 5 屬 8 類 33 個樹種：

| 紫檀木類 | 檀香紫檀 |
| --- | --- |
| 花梨木類 | 越柬紫檀、安達曼紫檀、刺蝟紫檀、印度紫檀、大果紫檀、囊狀紫檀、鳥足紫檀 |
| 香枝木類 | 降香黃檀 |
| 黑酸枝木類 | 刀狀黑黃檀、黑黃檀、闊葉黃檀、盧氏黑黃檀、東非黑黃檀、巴西黃檀、亞馬遜黃檀、伯利茲黃檀 |
| 紅酸枝類 | 巴里黃檀、賽州黃檀、交趾黃檀、絨毛黃檀、中美洲黃檀、奧氏黃檀、微凹黃檀 |
| 烏木類 | 烏木、厚瓣烏木、毛藥烏木、蓬塞烏木 |
| 條紋烏木類 | 蘇拉威西烏木、菲律賓烏木 |
| 雞翅木類 | 非洲崖豆木、白花崖豆木、鐵刀木 |

如果按《紅木》標準及歷史認識來分析，所謂老紅木即紅酸枝類之交趾黃檀，新紅木即奧氏黃檀，而紅木的概念涵蓋面更廣，包括老紅木、新紅木及其他 31 個樹種。

① 【孔敬府老紅木純林】泰國孔敬府一中學校園內種植成片的交趾黃檀，除周圍散生柚木外，沒有其他樹種，因為純林，缺少自由競爭，故分杈較低，枝椏較多。

② 【父趾黃檀】生長於老撾南部阿速坡的交趾黃檀，棲身於雜亂的民居之間，樹高約 18 米，離地面 1.50 米處直徑約 0.6 米。（協助拍攝及嚮導：阿速坡李凡）

③ 【樹幹及根部】阿速坡交趾黃檀的樹幹挺直，至分杈處約高 4.6 米，根部隆起，略有板根。

④ 【樹液】交趾黃檀的樹皮被紅螞蟻咬蝕後沿溝槽外溢之紅色樹液

⑤ 【扁擔山老紅木】產於柬埔寨扁擔山的老紅木原木與方材

⑥ 【樹葉】柬埔寨扁擔山老紅木的樹葉

# 木材特徵

**邊　　材：** 淺灰白色，與心材區別明顯。

**心　　材：** 新切面呈淺紅紫色、豔紅、葡萄酒色或金黃褐、深紫褐色，常具寬窄不一的黑色條紋或深褐色條紋。泰國及老撾接近湄公河的林區所產木材色近紫檀，油性與比重或超過紫檀，久後與紫檀無異，極難分辨。心材有時呈塊狀淺黃綠色，尤以產於柬埔寨的木材最為明顯，顏色深淺不一，感觀質量明顯次於泰國及老撾。

**紋　　理：** 老紅木的紋理變化豐富多彩，特別是產於老撾或長山山脈東西兩側及其輻射地區者，除心材顏色呈多樣性外，由黑色條紋或深褐色條紋所組成的各種花紋、圖案極為生動多變，形式不一、妙趣天成的鬼臉紋清晰可辨。老紅木在傳統硬木中的使用率僅次於黃花黎、鸂鷘木。產於泰國及泰老交界的湄公河西岸林區的老紅木除色近紫檀外，紋理變化相對少一些，也是目前文博界將一些老紅木家具鑑定為紫檀家具的重要原因。

**香　　味：** 新切面有酸香氣

**光　　澤：** 光澤強

**生 長 輪：** 不明顯

**手　　感：** 由於老紅木比重大於 1，油性強，故加工打磨後木材表面滑膩、光潔。

**氣乾密度：** $1.01-1.09g/cm^3$，沉於水。

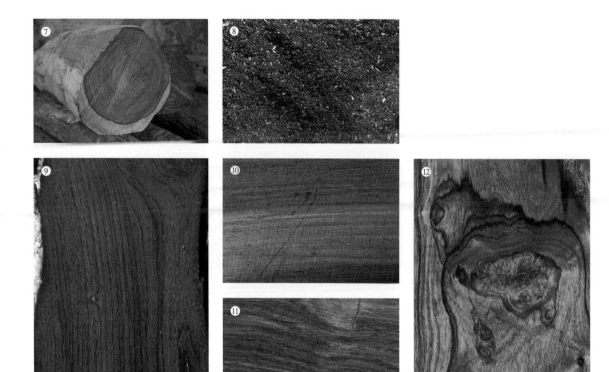

⑦【橫切面】淺灰色部分為邊材，新伐材之邊材應為淡黃色。
　　　　　　紅褐色部分即為心材，年輪清晰，材色醇和純正。

⑧【木屑】

⑨【心材】深紫褐色夾雜黑色細條長紋

⑩【心材】心材上下兩側為紫黑色，中間為淺紅褐色泛黃。此
　　　　　　特點並不具普遍性，但仍為識別老紅木易於忽略的特點。

⑪【心材】淺黃色邊和與淺紅褐色心材

⑫【心材】由黑色紋理組成的怪獸紋（或稱鬼臉紋）

⑬【心材】銀白色長條部分即心材中包含石灰質，這一現象極
　　　　　　少出現於老紅木。

# 木材分類

老紅木的分類方法很多，木工一般憑手頭份量及木材成色來分，這種方法具有明顯的心理因素及個人感受的不確定性。木材商則有如下分類方法：

**按現狀分**

**原 木**　一般已剔除邊材或略帶邊材，又可分為長筒、短筒，長度 1 米左右或 1 米以下者多為短筒。

**方 材**

**板 材**

**拆房料**　包括老紅木舊家具料。近 10 年來，由於老紅木來源稀少，老撾、越南等地的民房、寺廟、舊家具或農具所用老紅木也多拆卸後運往中國。

**按地區分**

**暹羅料**　又稱泰國料或泰國老紅木，即主產於泰國，且油性強、顏色深、比重大的老紅木，其色似紫檀。據《人民日報》2004 年 11 月 12 日第 15 版刊登的張志國《素可泰印象》一文記載：1287 年，泰國北部暹羅國國王昆蘭甘亨（Rama Khamheng，史稱"敢木丁"，都城為素可泰）聯絡北部清邁、帕搖等土邦遣團與元朝修好，貢品主要有紫檀、香米、象牙、犀角、胡椒、豆蔻等。泰國是不產紫檀的，這裏的紫檀是否是老紅木？由於缺乏文物佐證，只能存疑。

**寮國料**　又稱老撾料或老撾老紅木，指產於老撾中部、南部林區的老紅木。

**東京料**　指產於越南的老紅木，花紋及顏色變化較大。

**高棉料**　指產於柬埔寨的老紅木，心材顏色深淺不一是其最大缺陷。如按木材的自然等級來分，則暹羅料為上，寮國料及東京料次之，高棉料再次之。

| | | |
|---|---|---|
| 按樹種分 | 交趾黃檀（Dalbergia cochinchinensis Pierre ex Laness） | 老紅木或稱大紅酸枝，目前木材商或加工業界認為只有交趾黃檀一種，但其他三個種也常常被認為是老紅木。 |
| | 多花黃檀（Dalbergia floribunda Roxb） | 產於泰國，地方名為 Ta Prada Lane, 與另一樹種（Dalbergia errans，地方名 Pradoon Lai），均被視為泰國老紅木，但材色、材質均較差，多以交趾黃檀為學名，商用名則為 Pha Yung。 |
| | 柬埔寨黃檀（Dalbergia cambodiana Pierre.） | 又稱黑木（Kranhung snaeng），越南語為 Trac cambot。 |
| | 桔井黃檀（Dalbergia nigrescens Kurz.） | 產於柬埔寨、越南、老撾、泰國，以產於柬埔寨桔井省（Kratie）斯努鎮（Snuol）周圍林區者較為著名。 |

⑭【原木垛】老撾沙灣拿吉省（Savannaknet）庫存的老紅木，尾徑多在 10-26 厘米，長度 80-180 厘米。

⑮【陰沉小徑材】埋於林區、山溝或河流泥沙之下的小徑老紅木，徑級 5-15 厘米，長 80-100 厘米，空腐、徑裂、彎曲，利用率極低。（標本：天津薊縣洇溜鎮明聖軒）

⑯【陰沉木】伐後置於山野或受山洪沖擊而掩埋於山溝、河流之老紅木，沿生長輪腐朽如蜘蛛網狀，溝槽縫隙處淤滿泥沙。

⑰【拆房料】老紅木建築立柱、樑，一般源於泰國北部、老撾及柬埔寨，形式有圓木、方材及板材，最長者可達 8-10 米。

⑱【癭】滿身生癭的老紅木如鳳毛鱗角，開鋸後佈滿奇異怪獸紋，材色為深褐色，紋理墨黑。（標本：中國林業國際合作集團公司，西雙版納）

⑲【板材】源於越南的老紅木板材，每一塊均標有越南文的拼音字母，一般為木材商的姓。木材有可能產於老撾，採伐與出口由越南人負責。（標本：中國林業國際合作集團公司，西雙版納）

⑳【柬埔寨老紅木心材】柬埔寨老紅木新切面，紋理較寬，灰烏藍色色帶較寬。老撾南部的老紅木也具此特徵。此種木材無須染色，可做腿、側板、頂板及非看面的部分。

㉑【安隆汶老紅木】柬埔寨西北部奧多棉吉省安隆汶（Anlongveng）是紅色高棉中央及波爾布特最後的根據地，四面環水，僅有一條小路與外界相連，周圍的樹木被戰火所焚，枯立的樹木多為老紅木及其他硬雜木。

㉒【安隆汶老紅木板材】產於柬埔寨的老紅木並非交趾黃檀一種，還有桔井黃檀、柬埔寨黃檀，材色、紋理差異較大，作為原木或方材較難辨識。總體來說，柬埔寨老紅木顏色較雜、紋理混濁不清。左側第一塊從材色、紋理方面均與其餘兩塊有十分明顯的差別，有可能是同一產地、不同樹種。

# 木材應用

## （1）主要用途

**家具**：有觀點認為，老紅木用於中國傳統家具的製作應始於明朝，雖然在乾隆八年以前的歷史文獻中尚未發現有關紅木的記載，但并不排除現實中有這種可能。對老紅木的使用，從匣、箱、如意、牀榻、櫃、案、椅、凳到屏風、槅扇，幾乎無所不適。到了清末及民國時期，老紅木的利用漸少，所謂的新紅木即酸枝木開始佔據主流。

**雕刻及工藝品**：各種人物、宗教造像、花鳥、傳統題材的故事及其他內容均是老紅木雕刻的主要題材，常見的工藝品有筆筒、鎮紙、掛屏、座屏、佛像及其他品種。

**建築**：中國部分建築內簷裝飾採用紅木作為窗花、炕沿及其他部位的雕飾，很少用於柱、樑或牆板。泰國、老撾、越南及柬埔寨則將老紅木用於民居、寺廟及其他建築的柱、樑或牆板、門板、窗戶。

❷

## (2) 家具做工

由於紅木供給量充裕，且式樣已不受傳統規制的約束，故其工藝不可能像紫檀、黃花黎家具那樣費盡心思、不計工本。另外，紅木的材質也遠不如紫檀、黃花黎，如紫檀木木材結構甚細至細，平均管孔弦向直徑不大於 160μm，黃花黎平均管孔弦向直徑不大於 120μm，而紅木的黑酸枝木類木材結構細至甚細，平均管孔弦向直徑不大於 200μm，紅酸枝木類也是如此。如果採用紫檀、黃花黎家具的工藝來製作紅木家具，一是達不到紫檀、黃花黎家具的效果，二是極大地增加了紅木家具的製作成本。故多數紅木家具的做工均保持適中的水平，各個階層均可以接受。至於晚清、民國以及今天的一些紅木家具，多數粗製濫造，用機器成批製作，電腦雕刻、打磨，已毫無個性可言。

綜上所述，老紅木家具的榫卯、工藝往往被人忽略，與其市場行情有關，歷史上也如此。真正達到收藏級的老紅木家具應該參照紫檀或黃花黎家具的工藝要求而不能含糊。

㉓【涼棚】老撾、柬埔寨、泰國的山地民居，特別是老紅木的產地，建築立柱及其他承重部位多用老紅木、酸枝、花梨或坡壘等比重大、耐潮、耐腐的木材。如今這些木材多被替換出口到中國。圖中涼棚位於老撾南部占巴色省 (Champasak)，其主體構件均係老紅木。

㉔【老紅木楠木心嵌大理石座屏】（設計：沈平　製作與工藝：北京梓慶山房　周統）

## (3) 老紅木的替代品

　　老紅木的替代品或近似老紅木的木材多達數十種，材質、表面特徵與價格相差很大。新發現的南美之微凹黃檀（Dalbergia retusa）及中美洲黃檀（Dalbergia granadillo）也被列入《紅木》國標，其各項指標與老紅木很接近，材質也適宜於現代硬木家具的製作。由於真正的老紅木資源越來越稀有，種類繁多的替代品使木材檢測機構及家具界、木材商也越來越難以準確辨識。一般應選擇不改變老紅木原色的家具，如果比重輕、木材顏色深淺不一或帶白邊、挖補及採用改變木材原色的家具是不能用於收藏的，但並不影響使用。

## (4) 家具形制

　　老紅木家具並沒有自己固定的形制，這可以從傳世的老紅木家具裏找到佐證。老紅木顏色、紋理、比重、油性與深色黃花黎近似者有之，與深褐色之紫檀也十分接近；老紅木的比重一般大於 $1g/cm^3$，有的比重超過紫檀。故從老紅木的家具中可以找到紫檀、黃花黎家具的蹤跡。老紅木家具發展至今，也十分講究隆重、厚實、雕飾、實用，這些特色在廣東或江浙滬地區仍是主流。故形制的問題，如從收藏的角度看，既要考慮到典型的紫檀、黃花黎家具造型，也要考慮到各自明顯的地方文化特點，過濫、過俗或繁瑣、迂腐的家具則須剔除。

## （5）配料與顏色

　　老紅木的配料，顏色是十分講究的，也是十分困難的。老紅木家具最好採用一木一器，如有可能成對、成堂則最令人稱心。一木之色也不盡一致，其紋理、顏色與製材方法有密切關係，徑切直紋多、色差不明顯，如果弦切則紋美而色差明顯。故家具的邊框、腿料可採用徑切料，而其他部份則可採用弦切料。一定要注意色差，色差過大的料應注意合理使用。老紅木家具顏色完全一致並非不可能，但根據目前的材料及成品看，做色的可能性非常大。如果老紅木家具色澤過於統一，則值得懷疑。寬粗或纖細墨黑的紋理、痕跡是其自身的黑色素所致，一般存放於山野潮濕、蔭蔽之處才會如此，這也是上等老紅木的印跡，完全沒有必要用化學的方法消除。如果搭配得當則頓生雅趣而增加其收藏的價值與藝術審美效果。但這種材料不宜於做對稱的邊框、腿足，宜於做對稱的櫃面、成對的靠背板，以及案面、桌面等。另外，淺綠或綠中泛紅、泛黃之柬埔寨老紅木不應列入可以收藏的老紅木家具用料之中，可以用於一般老紅木家具之側板、背板或不明顯處，但也不宜於染色或做舊。

㉕【老紅木拼龜背紋面心平頭案】（設計：沈平　製作與工藝：北京梓慶山房）

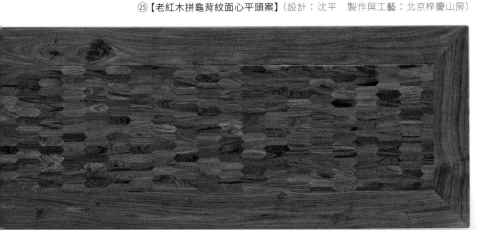

㉖【日本老紅木嵌螺鈿梅花紋茶具架】早期流行於日本的茶具
架器型多樣,簡約流暢。近一百多年來,也開始追求型式的
繁複與工藝的精緻,用料也極為講究。(攝影:韓振　原藏:
北京　劉俐君　現藏:福建泉州　陳華平)

㉖

㉗【日本老紅木嵌螺鈿梅花紋茶具架局部】茶具架包漿肥厚，
　　如黑漆所罩，幾乎不見材色與紋理，如老紫檀之色澤與手
　　感，不少藏家識其為紫檀。日本歷來將酸枝、老紅木混稱
　　為"紫檀"。

# 五、酸枝木

## Burma Tulipwood

**學名**　**中文：**奧氏萬檀

　　　　**拉丁文：**Dalbergia oliveri Gamb

**別稱**　**中文：**紅木、新紅木、花酸枝、花枝、白酸枝、白枝、孫枝、酸枝、紫榆、
黃酸枝、緬甸酸枝、緬甸鬱金香木、緬甸玫瑰木

　　　　**英文或地方名稱：**緬甸：Tamalan, Burma tulipwood, Burma rosewood；
泰國：Chingchan；印尼：Cam lai bong；其他：Palisander

**科屬**　豆科（LEGUMINOSAE）　黃檀屬（Dalbergia）

**產地**　**原產地：**緬甸、泰國、老撾

　　　　**引種地：**除原產地有部分人工種植外，柬埔寨、越南也有少量人工種植。

**釋名**　清代江藩著《舟車聞見錄》云："紫榆來自海舶，似紫檀，無蟹爪紋。刳之
其臭如醋，故一名酸枝。"道光年間的高靜亭在所著《正音撮要》裏解釋：
"紫榆，即孫枝。"酸枝，是廣東木材界、家具界對於豆科黃檀屬有酸香氣
木材之統稱，歷史上廣州將酸枝木分為油脂、青筋、紅脂、白脂，質地上乘
者為油脂，白脂則比重略輕，感觀指標明顯遜於前三者。1990 年代，廣州
木材界將酸枝木細分為五類：油酸枝（即闊葉黃檀，Dalbergia latifolia）、
紅酸枝（即交趾黃檀，Dalbergia cochinchinensis）、紫酸枝（即巴里黃
檀，Dalbergia bariensis）、花酸枝（又稱花枝、白酸枝，即奧氏黃檀，
Dalbergia oliveri，也有人認為花枝即巴里黃檀）、黑酸枝（有兩個樹種：刀
狀黑黃檀，Dalbergia cultrata；黑黃檀，Dalbergia fusca）。《紅木》國家
標準則將酸枝分為紅酸枝與黑酸枝兩類，共 15 個樹種，這也是廣義的酸枝
木。其中紅酸枝有 7 個樹種，即巴里黃檀、賽州黃檀、交趾黃檀、絨毛黃檀、
中美洲黃檀、奧氏黃檀、微凹黃檀；黑酸枝有 8 個樹種，即刀狀黑黃檀、
黑黃檀、闊葉黃檀、盧氏黑黃檀、東非黑黃檀、巴西黑黃檀、亞馬孫黃檀、
伯利茲黃檀。狹義的酸枝一般包括巴里黃檀與奧氏黃檀兩個樹種，有專家
認為所謂的新紅木即奧氏黃檀，實際上也包括巴里黃檀。據最新研究成果，
二者同種即奧氏黃檀。

①【沙耶武里酸枝樹】老撾沙耶武里省
　（Xaignaboyri）私人林區的奧氏黃檀樹
　幹粗壯、飽滿、挺拔，高者可達 8 米，
　主幹離第一個分杈一般在 4 米左右。

②【樹幹】

③【樹皮】光滑平順，與交趾黃檀明顯不
　同。樹皮表面留有蟲眼，蟲道多集中
　於邊材部分。

④【樹葉】

⑤【莢果】多數莢果內含種子 1 粒

# 木材特徵

邊　　材：　淺黃白色

心　　材：　新切面呈檸檬粉紅色、猩紅色、朱紅色、紅棕色或黃色透淺紅，有明顯的暗色條紋或紫褐色、淺咖啡色斑點，有時近似於雞翅紋，也稱魚籽紋，斑點形似魚籽，串成有規則的弧形、半弧形而與雞翅紋相類，這是酸枝木明顯特徵之一。

氣　　味：　新切面有明顯的酸香味，久則弱。

紋　　理：　產於緬甸東北部、緬甸與老撾交界林區的酸枝木花紋明顯、清晰，紋理幾近於海南產黃花黎（廣州也稱其為土酸枝），故有花枝之稱。也有少部分紋理較粗而模糊，多見於緬甸其他地區所產之徑大者。

生 長 輪：　清晰

光　　澤：　刨光打磨後光澤明顯，但不如老紅木持久，有部分木材表面發暗。

氣乾密度：　1.00g/cm³

⑥【酸枝方材垛】產於緬甸的酸枝木方材，端頭的英文標記 "B" "K" "M3" 代表不同的貨主。（雲南瑞麗）

# 木材分類

按顏色分　{
　　紅枝：　心材呈紫褐色或淺褐色者

　　黃枝：　心材呈淺黃色或金黃色者

按紋理分　{
　　花枝：　心材底色乾淨、花紋明顯清晰者，產於俗稱的"金三角"地區，特別是緬甸東北部撣邦林區。

　　白枝：　花紋少或條紋色淺不明顯者，多見於大徑材。

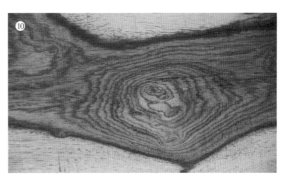

⑦【橫切面】老撾琅勃拉邦芒南縣（Nan）木材商的加工廠，新鋸的酸枝木端面，邊材腐朽呈杏黃色，心材紋理呈波浪形，色澤新豔。

⑧【心材】產於老撾之紋美者，多稱為"花枝"，即"有花紋的酸枝"。（標本：張建偉，北京宜兄宜弟古典家具）

⑨【心材】近原木外側所開的第一鋸，便見長橢圓形鬼臉紋，酸枝心材紋理呈紫色者多，紋理界限不清並含魚鱗紋。邊材已藍變，呈灰烏色。（標本：張建偉，北京宜兄宜弟古典家具）

⑩【心材】採用弦切的製材方法，第一鋸觸及心材，其紋理往往令人意想不到，如遇美紋，則因外部生癭，或凹凸有節，否則中規中矩，波瀾不驚。（標本：張建偉，北京宜兄宜弟古典家具）

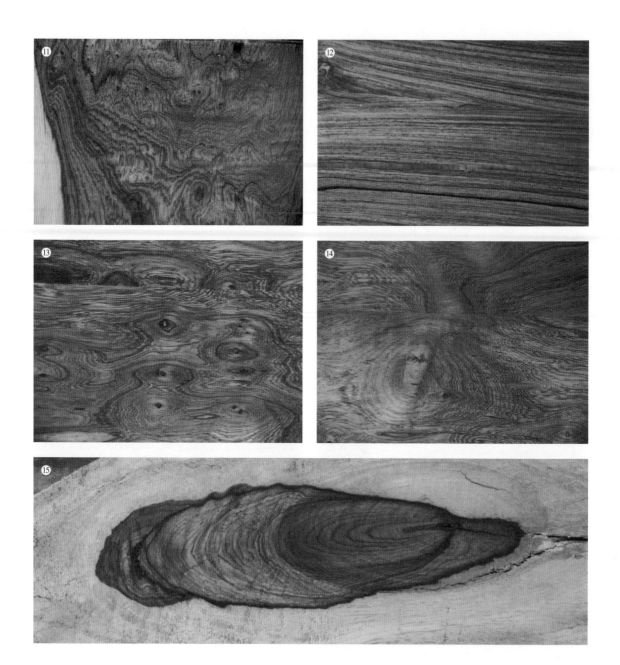

⑪ 【心材】褐色呈紫，紋理粗細不均，漫漶不清，鬼臉紋密集。（標本：北京梓慶山房標本室）

⑫ 【心材】材色金黃，夾雜紅褐色條紋。此種酸枝在緬甸酸枝中所佔比例較大。（標本：北京梓慶山房標本室）

⑬ 【心材】酸枝木瘿佈滿樹幹，如及於心材，則大小紋理所組成的單個圖案可獨立，或可自然組成整體，如溪藤引蔓，自上籬笆。（標本：北京梓慶山房標本室）

⑭ 【心材】因大節而使紋理彎曲、外延，其紋大美。恰如"一道殘陽鋪水中，半江瑟瑟半江紅。"（標本：北京梓慶山房標本室）

⑮ 【心材】此種紋理，工匠稱之為"箬殼紋"，或稱"海螺紋"，也是因弦切所致，淺色部分為邊材。（標本：張建偉，北京宜兄宜弟古典家具）

# 木材應用

## (1) 主要用途

**家具**：酸枝木家具的品種齊全，主要原因為進口量大、價格相對便宜。流傳下來的酸枝木家具以晚清、民國時期的居多，且以廣式、上海西洋味的家具為主，用材厚重，十分講究繁瑣的雕刻，地域特色濃鬱，其造型、工藝、結構與清式家具相去甚遠。

**建築**：緬甸、老撾、泰國的部分寺廟、民居採用酸枝木，橋樑、船舶也使用酸枝木，其防腐、防潮、防蟲及承重性能均十分優異。

**其他**：緬甸也用酸枝木製作工藝品、農具、地板、單板及室內裝修。

⑯【民居】老撾西部原本森林茂密，現已成禿嶺，但其民居建築用材也以花梨、酸枝、柚木為時尚，一般用單一樹種，很少混用。

⑰【池塘跳板】老撾萬榮（Wang Vieng）鄉村池塘的跳板多用酸枝或柚木，蓋因其耐潮、耐腐。（萬榮）

⑱【清末·酸枝條案面心局部】雖久經風月，色澤暗淡，紋理粗疏，但其基本特徵未變。

## （2）收藏價值

　　酸枝木進入中國並用於傳統家具製作的歷史並不長，約始於 18 世紀，其造型、工藝、結構或品位與優秀的明式、清式家具距離較遠，作為投資或收藏的意義並不大。如果從家具的發展史或地方工藝發展史的角度來收藏，對於研究家具的發展、流變及地域工藝、文化還是很有意義的。

## （3）選材標準

　　使用酸枝木製作家具，儘量挑選木材底色乾淨、紋理清晰的花枝或顏色純淨的酸枝木，因花枝本身的特徵，家具以顯露其天然可愛的本性，少雕飾，造形以近明式者為上。另外，有人將花枝蠟煮，除其雜色以冒充黃花黎，應格外引起注意。

⑲【酸枝木有束腰壺門牙子帶托泥方香几】（設計：
　　沈平　製作與工藝：北京梓慶山房　周統）
⑳【酸枝木高束腰翹頭帶台座小供案】（設計：沈
　　平　製作與工藝：北京梓慶山房　周統）
㉑【酸枝木燈掛椅】靠背板開光為黃楊木，靠背板
　　及座面四邊為東非黑黃檀，其餘均為酸枝木。
　　（設計：沈平製作與工藝：北京梓慶山房　周統）

## （4）乾燥

　　酸枝木比重大，不易乾燥，容易產生表面開裂、端頭開裂的現象，除了低溫乾燥外，加工成部件後還須二次進窯乾燥，防止成器後的膨脹與收縮。

## （5）木材搭配

　　酸枝木的顏色一般可分為紅、黃兩種，為防止視覺上的單一及缺乏生氣，除了簡約的造型與適度的雕飾外，還可以與深色木材搭配使用，如黑酸枝、烏木及紅酸枝中顏色較深者。

# 六、烏木

## Ebony

**學名**　**中文**：烏木

　　　　**拉丁文**：Diospyros spp.

**別稱**　**中文**：文木、烏文、烏文木、烏楠木、烏梨木、墨木、烏角、角烏、茶烏、土烏、蕃烏、真烏木

　　　　**英文**：Ebony, True ebony, Ceylon ebony, Ebene

**科屬**　柿樹科（EBENACEAE）　柿樹屬（Diospyros L.）

**產地**　**原產地**：主要產於印度南部、斯里蘭卡及東南亞；西非及非洲其他熱帶地區也有分佈。不同樹種原產地也不同。

　　　　**引種地**：中國南方諸省及台灣地區；東南亞、南亞；非洲熱帶地區。

**釋名**　烏木，因材色烏黑如漆而得名，但它並不單指一個樹種，而是柿樹屬幾個不同樹種之集合名詞。明代李時珍所著《本草綱目》認為，烏木"本名文木，南人呼文如橫故也。……生海南、雲南、南番。葉似棕櫚，其木漆黑，體重堅緻，可為箸及器物。有間道者，嫩木也。南人多以繫木染色偽之。《南方草物狀》云：'文木樹高七八尺，其色正黑，如水牛角，作馬鞭，日南有之。'"

①【烏木】生長於老撾琅勃拉邦芒南縣的烏木
②【樹葉】
③【莢果】落入泥土，已變色毀壞的莢果，內含種子 1–2 粒。
④【樹皮】皮薄而平滑，表面常被紅蟻所蝕，留下成片的殘缺與黃泥。不知何故，螞蟻及其他害蟲極少深入邊材而形成蟲眼、蟲道。

# 木材特徵

邊　　材：　淺黃灰色或淺水紅色，具細小黑色條紋。

心　　材：　烏黑發亮，少部分夾有淺灰、淺黃色紋理。產於印度南部、斯里蘭卡之烏木應為"烏木之王"，品質極佳，優於他地，其心材具有細如髮絲之銀線，在陽光下耀眼可見。

生 長 輪：　不明顯

紋　　理：　幾乎不見紋理

香　　味：　無

光　　澤：　光澤度很好，稍加打磨便光澤可鑑。

油　　性：　油性極佳，手觸之有潮濕感。

氣乾密度：　烏木的氣乾密度一般在 1 左右，如烏木 0.85–1.17/cm$^3$，厚瓣烏木 1.05/cm$^3$，毛藥烏木 0.90–0.97/cm$^3$，蓬塞烏木 1.00/cm$^3$。

⑤【橫切面】產於印度的烏木，長期日曬雨淋，色近土黃黑色，鋸開後才露出烏黑之本色，縱裂紋所含白絲為石灰質，優質的烏木多生長於石山之中或瘦弱貧瘠的風化岩上。

⑥【未形成心材的烏木】遺棄於山野的烏木，截成段後並未發現有黑色的心材。當地木材商稱，烏木須 15–20 年才能形成黑色的心材，此為幼齡樹，稍具常識的人不會採伐。

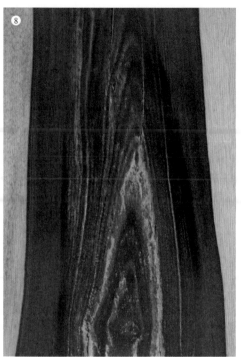

⑦【邊材與心材】肉紅色部分為邊材,黑色部分為心材。(標本:北京梓慶山房標本室)

⑧【石灰質】標本中間灰白色部分即烏木心材所包含的石灰質

⑨【新德里的烏木】新德里街邊一汽車修理舖,門口橫放兩根粗大的烏木原木。經對方許可,刀劈兩小塊木片,可見其色黑如漆,紋如絲,光澤從素樸平常的遮掩中透出,含蓄內斂。(標本:北京梓慶山房標本室,新德里)

# 木材分類

## (1) 印度

印度所產烏木據說有 50 多種，最主要的有 6 種：

| 名稱 | 主產地 | 特徵特性 |
|---|---|---|
| Diospyros ebenum Koenig. 英文為 "True ebony" 即真烏木 | 斯里蘭卡、印度 | 邊材淺黃灰色，常有黑色條紋；心材烏黑發亮，很少有淺色條紋。比重 0.85–1.00 |
| Diospyros ehretioides wall. 土語為 "Aurchinsa" | 上緬甸及下緬甸（緬甸曾為英屬印度之殖民地） | 心材為灰色，夾帶黑色條紋，無特殊氣味及滋味，樹木主幹較大。比重約 0.69 |
| Diospyros marmorata Parrer. 有安達曼大理石木（Andaman marble-wood）、斑馬木（Zebra-wood）之稱 | 東印度洋安達曼群島及尼科巴（Nicobars）、科科（Coco）群島 | 心材特徵為淺灰或灰棕色，伴有深色或深黑色條紋，也有互相重疊、交叉的黑色帶狀紋理或黑色斑點。比重約 0.98 |
| Diospyros tomentosa Roxb. 英文為 "Ebony" | 印度、尼泊爾、孟加拉 | 邊材較寬，顏色為淺玫瑰色至淺或深棕色；心材黑色但常夾雜細小而不規則的棕色或紫色條紋。比重約 0.82 |
| Diospyros melanoxylon Roxb. 英文為 "Ebony"，土名 "Timbruni"，"Tendu" | 印度、斯里蘭卡 | 邊材寬，為淺玫瑰色帶灰色，時間久後變為淺玫瑰色帶棕色。心材黑色，常有細小而不規則的紫色或棕色條紋。比重約 0.79–0.87 |
| Diospyros burmanica kurz. | 上緬甸之卑謬（Prome）、勃固（Pegu）、馬達班（Mantaban） | 邊材新開鋸時為淺紅色，如徑切，則有極好的細密紋理，時間久後變成紫或黑灰色；心材棕黑或黑，常有狹窄而不規則的條紋。比重約 0.87 |

## (2) 尼日利亞

烏木（心材純黑無紋者）

烏木王（具暗紅褐色條紋者）

烏木后（具清晰黃橙色條紋者）

非洲最有名的烏木為厚瓣烏木（Diospyros crassiflora），即心材純黑無紋者，主產於中非和西非，如尼日利亞、剛果、加蓬、喀麥隆、赤道幾內亞。它也是非洲所有烏木中顏色黑純、比重最大的，氣乾密度高達 $1.05g/cm^3$。雖然還有其他種類的烏木的比重也較大，如曼氏烏木（0.91–1.01）、西非烏木（0.81–1.14），但均非真正意義上的烏木，多為條紋烏木即"有間道者"。除以上三種外，非洲還有阿比西尼亞柿（Diospyros abyssinica）、暗紫柿木（Diospyros atropurpurea）、喀麥隆柿（Diospyros kamerunensis）、加蓬烏木（Diospyros piscatoria）。其中最特別的是西非烏木，其邊材厚度達 23 厘米。使用木材一般取心材而棄邊材，但由於西非烏木邊材肥厚、堅緻，也多用於造船、地板、家具與工藝品，其利用的深度與廣度均超過心材，這是木材加工與利用中一個獨特的現象。

## (3) 清代張儁著《崖州志》分類

油格（色紫烏）

糠格（色灰烏，中含粉點，微有酸氣）

## (4)《紅木國家標準（GB/T18107-2000）》

烏木（Diospyros ebenum Koenig. 產斯里蘭卡、印度南部）

厚瓣烏木（Diospyros crassiflora Hiern. 產西非熱帶地區）

毛藥烏木（Diospyros pilosanthera Blanco. 產菲律賓）

蓬塞烏木（Diospyros poncej Merr. 產菲律賓）

（5）按心材顏色或紋理分

　　烏木

　　條紋烏木


（6）按來源分

　　土烏：指產於中國之烏木，實際中國不產真正意義上的烏木。

　　番烏：即產於中國以外的烏木，烏黑堅緻而沉水。

　　需要指出的是，《本草綱目》所言之"有間道者"，並非"嫩木"，而是條紋烏木。印度 6 種烏木，實際上只有烏木（Diospyros ebenum）一種稱得上真正的烏木，其餘 5 種均應歸入條紋烏木類。尼日利亞的"烏木王"、"烏木后"也是條紋烏木。《崖州志》之"糠格"亦屬條紋烏木。《紅木》標準中將蘇拉威西烏木（Diospyros celehica Bakn.）及菲律賓烏木（Diospyros philippensis Gurke.）收入條紋烏木類。而新版《紅木》標準已將毛藥烏木、蓬塞烏木從烏木類中刪除。

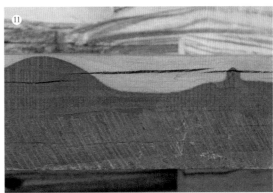

⑩【印度烏木】心材烏黑，鮮有空洞。長度多為 1 米左右，尾徑 16-20 厘米，大者較少。

⑪【馬達加斯加烏木】產於非洲馬達加斯加群島的烏木，性脆而硬，本色灰烏，油性差。

⑫【老撾烏木】琅勃拉邦芒南縣私人所存烏木，入水即沉，水洗過後黝黑發亮，材質堅硬。

⑬【印尼條紋烏木】（標本：李曉東　浙江紫檀博物館）

⑭【陰沉】從南海西沙打撈上來的尚未鈣化的烏木，鋸開後色澤、油性均佳，不易乾燥且螞蚱紋多，
　　性脆，不宜於製作家具。（標本：魏希望）

# 木材應用

## (1) 主要用途

　　烏木的用途並不象其他硬木那樣廣泛，條紋烏木可以用於裝飾及家具、工具手柄，而很少用烏木刨切成單板進行室內裝飾。《印度樹木手冊》(*"The Book of Indian Trees"* K.C. Sahni, Page124, second edition2000, Oxford University Press) 記述烏木 (Diospyros ebenum) 的用途有四種：雕刻 (Carving)，家具製作 (Cabinet Work)，製作鋼琴琴鍵 (Piano Keys)，在中國製作筷子 (As Chopsticks in China)。

**家具**：烏木家具如以烏木單一成器則以椅類或小型器物為主，主要受制於其特有的材性，也有用於榻、香几的，如頤和園暢觀堂設烏木文榻一張，烏木高香几一對；其餘則多與色淺之木配合使用，如書架的擱板一般為金絲楠木或黃花黎，其餘則為烏木。從繪畫及相關資料的記載可知，宋朝烏木用於家具比較普遍，特別是茶室家具或香室家具。而從雍正時期的清宮造辦處檔案來看，家具似僅見雍正六年九月二十八日有"烏木邊鑲檀香面香几一件"，其餘則只有用於邊框、座子、盒、匣的記載。

**裝飾**：乾隆時期，故宮倦勤齋內飾的縧環裙板鑲嵌均為烏木。

**其他**：把玩或雕刻、鑲嵌用。製作玉器、瓷器、寶石之底座。如頤和園暢觀堂的哥窯三足鼎，配有烏木蓋、座；漢代玉斗式水丞一件，配烏木座。製作樂器，如二胡。製作各種刀具柄、扇柄、扇股及工藝品。《本草綱目》記載烏木用途"其木漆黑，體重堅緻，可為箸及器物"；"其色正黑，如水牛角，作馬鞭，日南有之"；"主治解毒，又主霍亂吐利，取屑研末，溫酒服。"

## （2）裂紋與色澤

烏木性大，含石灰質，如有開裂，則一通到底，故不易出大材。另外，烏木不僅鋸解困難，刨削也不順暢。由於密度大，乾燥不易且常生細長的裂紋或短細的螞蚱紋，特別是在邊框上很易產生這種現象。螞蚱紋幾乎難以避免，但由於木材乾燥處理不過關所產生的細長裂紋則應避免。由於上述緣故，烏木家具多為直線條，曲線鮮見。烏木家具漆黑光亮如墨，似黑漆家具而又超越黑漆家具或紫檀家具，似乎特為宋人而備。

## （3）木材搭配

烏木為黑色，可與任意色彩的木材相配。清宮造辦處檔案記載，雍正五年九月二十六日，郎中海望奉旨做得"仿洋漆嵌白玉烏木邊欄杆座子紫檀木柱象牙雕夔龍裙板小罩籠一件"，雍正十分滿意，後又照此式樣做得楠木胎匣洋金番花漆罩籠一件。從文獻記錄與實物遺存分析，烏木多與楠木、櫸木、花梨癭等暖色木材相伴。烏木家具應以造型，特別是線條為其獨特語言，如香室家具、茶室家具，應配以飽滿流暢的各種線條。黑色線條離中國書法最近，與中國人的審美也最近，從未遠離我們的視線與日常生活。

## （4）條紋烏木的特殊性

條紋烏木，即含有淺黃色、咖啡色及其他可見條紋、斑塊的烏木，即李時珍所謂之"有間道者"，因其木材表面顏色與紋理過於張揚，多作為裝飾用材或製作工藝品。若用於家具製作，則應慎重考慮器型或與之相配的木材。

⑮【烏木芭蕉葉】（收藏：魏希望）
⑯【烏木黑柿面曲足橫跗翹頭小香案】（設計：沈平　製作：北京梓慶山房）

⑰【烏木邊藤心黑柿靠背板四出頭官帽椅】（設計：沈平　製作：北京梓慶山房）

⑱【烏木邊絲面黑柿開光小交椅】（設計：沈平　製作：北京梓慶山房）

# 七、格木

## Lim

**學名**　**中文：**格木

**拉丁文：**Erythrophloeum fordii

**別稱**　**中文：**鐵力、鐵栗、鐵棱、鐵木、石鹽木、東京木、山栣、鬥登鳳、孤墳柴、烏雞骨、赤葉木、雞眉、大疔癀、潮木

**英文或土語：**Ford erythrophloeum, Lim, Lin, Lim Xank（越南）

**科屬**　蘇木科（CAESALPINIACEAE）　格木屬（Erythrophloeum）

**產地**　**原產地：**中國廣西、廣東西部及越南北部；浙江、福建、台灣、貴州也有分佈。

**引種地：**中國南方各省均有少量人工種植，特別是廣東和海南島。

**釋名**　格木在歷史上有幾種不同稱謂：

**石鹽木：**在宋朝有"石鹽""石鹽木"之稱，如蘇軾在惠州時作《兩橋》詩，有"千年誰在者？鐵柱羅浮西。獨有石鹽木，白蟻不敢躋"之句，其"引"曰："州西豐湖上有長橋，屢作屢壞。棲禪院僧希固，築進西岸，為飛閣九間，盡用石鹽木，堅若鐵石。"陸游《入蜀記》稱："石端義者，性殘忍。每捕官吏繫獄，輒以石鹽木枷枷之，蓋木之至堅重者。"

**鐵力木：**明代宋應星《天工開物》稱海舟"唯舵杆必用鐵力木"。《廣西通志》曰："鐵力木，一名石鹽，一名鐵棱。紋理堅緻，藤、容出。"

**鐵栗木：**清代陳元龍《格致鏡原》記載："蠻地多山，產美材，鐵栗木居多，有力者任意取之。故人家治屋咸以鐵栗等良材為上，方堅且久。……鐵栗有參天徑丈餘者，廣州人多來採製椅桌、食隔等器，鬻於吳、浙間，可得善價。"

**東京木：**"東京"即指今越南河內，或泛指越南北部一帶。如，明代張燮《東西洋考》稱："交趾東京，《一統志》曰：'東至海，西至老撾，南至占城，北至思明府。'"《越嶠書》卷一四曰："其國地土分十六府，國王所居曰東京。"特別是清光緒十二年（1885年）中法戰爭後，越南淪為法國的殖民地，河內被定名為"東京"，並把"東京"瀕臨的與中國接壤的海域命名為"東京灣"即今之北部灣。這就是廣東將來自於越南中部、北部之格木稱為"東京木"的緣由。

① 【容縣格木】自然生長於廣西玉林容縣松山鎮石扶村文沖口的格木，樹齡約 880 年，樹高約 30 米，胸徑約 4.6 米。據《廣西珍貴樹種》介紹，格木"常與紅椎、烏欖、海南山竹子、楓香、荷木、黃桐、亮葉圍涎樹等喬木混生。偏陽性樹種。"

② 【主幹】石扶村格木主幹，至分杈處高約 7 米，正圓通直，上下尺寸變化不大。幼樹樹皮灰褐色；老樹樹皮黑褐色，呈片狀剝落。

③ 【樹枝】樹冠呈蘑菇狀，枝葉上下交替重疊，密不透風。據村民講，雨打樹葉，聲音輕脆而不見雨落。

④ 【樹皮】老樹皮深灰褐色，外生薄薄的綠苔，內則一片褐紅，樹皮薄而硬。

⑤ 【樹葉】《中國熱帶主要經濟樹木栽培技術》介紹："(格木) 二回奇數羽狀複葉，有小羽片 2-3 對，每小羽片具小葉 9-13 片，小葉卵形、全緣、無毛。花白色、小、密生，總狀花落，雄蕊 10 枚，花絲分離，子房密被毛。"（博白林場）

⑥ 【莢果】格木每年 3 月開花，10 月下旬莢果成熟。莢果扁平、帶狀，長約 16 厘米，黑褐色，種子扁橢圓形，黑褐色，堅硬。（廣西博白林場）

# 木材特徵

| | |
|---|---|
| 邊　　材： | 黃褐色或淺灰白色 |
| 心　　材： | 分黃色與紅褐或深褐色兩種 |
| 生 長 輪： | 不明顯 |
| 油　　性： | 深色者油性足。但格木經過多年使用，其內部油性物質潤澤全身，不管黃格、紅格還是糠格、油格均油光鋥亮、包漿肥厚可愛。 |
| 紋　　理： | 格木除黃色與褐紅色外，也有一種為棕黃、褐紅及咖啡色交織。木材端面棕黃似碎金一樣斑點密集，黑色環線分佈均勻，弦切面深咖啡色的條紋由細密短促的斑點組成峰紋。易與紅豆木、雞翅木、鐵刀木、刀狀黑黃檀、坤甸木相混，但格木不像雞翅紋連貫明顯，也沒有坤甸木一貫到底的絲紋。 |
| 氣　　味： | 無特殊氣味 |
| 光　　澤： | 強 |
| 氣乾密度： | 0.888g/cm$^3$ |

⑦【半弧形切面】新切的半弧形格木端面，弧線清晰勻稱，繩紋交織，寬粗的黑帶為開鋸時鋸條與格木摩擦所致，皆因其比重過大，材質堅重。（標本：北京梓慶山房標本室）

⑧【心材】紫褐色與金黃色紋理相間，並有明顯的繩紋，這是最佳格木應有的風範與特徵。（標本：北京梓慶山房標本室）

⑨【心材】中國古代家具的鑑定多靠經驗，即所謂"眼學"。格木的表面特徵極易與雞翅木、紅豆木、鐵刀木及坤甸木相混。此標本紋如雞翅，不少行家錯認其為雞翅木。

⑩【心材】容縣的格木特徵最具代表性，幾乎格木的所有特徵都具備，故藏家多以容縣格木為標準而論品質之高下。（標本：徐福成）

# 木材分類

按心材顏色分
- **黃格** — 底色為黃色、咖啡色條紋且斑點密集，新切後手感較糙、乾澀，倒茬明顯。
- **紅格** — 底色為紅褐色，黑色條紋明顯，油性好，比重大。

按油性與手感分
- **糠格** — 比重稍輕，顏色較淺，打磨後效果差。
- **油格** — 色深而重，油性大，特別是刨光後，手感滑潤，有潮濕的感覺。《廣東新語》稱："南風天出水，謂之潮木。"

按心材徑切面"絲"之粗細分
- **細絲鐵力**
- **粗絲鐵力** — 一般指產於緬甸、柬埔寨、泰國、老撾、越南之龍腦香木（Dipterocarpus spp.），最為著名的樹種即翅龍腦香（Dipterocarpus alatus），多用於家具、橋樑、建築、裝飾等，其比重、顏色、花紋幾乎與格木近似。

按地域分
- **東京木** — 越南北部之格木，有淺黃、紅褐色兩種。多數顏色淺、油性差，紋理不清晰或大片不具紋理。
- **玉林格木** — 以廣西玉林為中心及與之相鄰地區的格木，如藤縣、武鳴、岑溪、陸川、容縣、博白及桂林、梧州、靖西、龍州、東興、合浦。

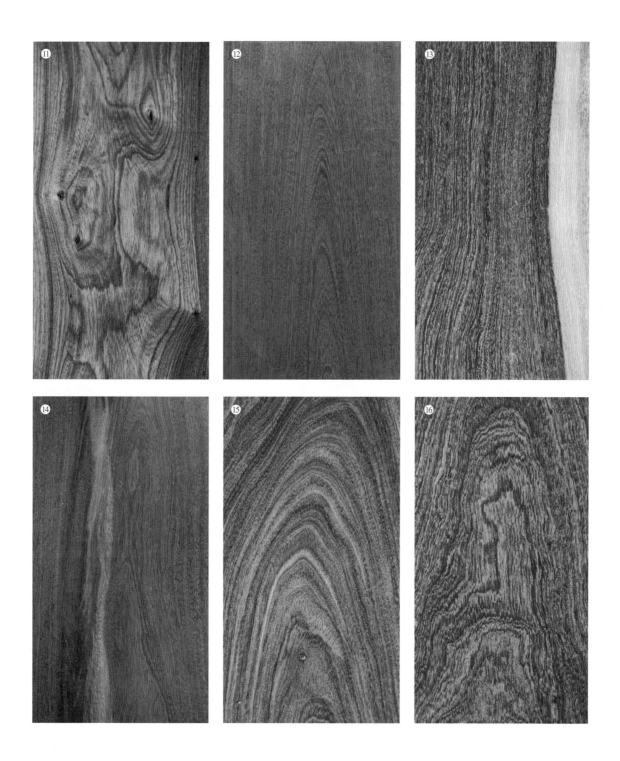

⑪【黃格】（標本：廣西容縣 徐福成）

⑫【紅格】（標本：北京梓慶山房標本室）

⑬【糠格】（標本：廣西容縣 梁善傑）

⑭【油格】（標本：北京梓慶山房標本室）

⑮【博白格木】產於廣西博白的格木，比重稍輕，紋理粗疏不清，材質稍差一些。（標本：梁善傑）

⑯【東京木】產於越南北部的格木（標本：梁善傑）

⑰【粗絲鐵力】柬埔寨吳哥窟興建於 12 世紀。為保護遺址，所製作支撐柱、樓梯、台階、頂板、橋
　樑均採用龍腦香木，即“粗絲鐵力”。

⑱【陰沉木與大板】格木有大料，尾徑 80-120 厘米，長 10-16 米的原木，或 1 米左右寬的大板常
　見，故大的供案多出自於玉林或廣東一帶。下側帶提耳的大徑陰沉木，長約 11 米，端頭 80×60
　厘米，其用途說法不一，當地專家稱有可能是船塢或橋樑的構件。（收藏：廣西容縣 夏志傑）

⑲【花檀】機器旋轉除掉邊材的格木，直徑 20-32 厘米，長 160-230 厘米。木材商稱之為“花檀”，
　產地不詳，兩端有圓孔，深約 5 厘米，與南美的綠檀製材方式一致。材質細膩、紋理清晰、油性
　極佳。加工後，變為深咖啡色或深褐色如紫檀，光芒內斂。（北京東壩名貴木材市場）

⑳【龍腦香樹幹】幾乎每一棵翅龍腦香樹樹幹都被挖洞以提取汁液，煉製冰片。冰片，古代文獻中又
　名“片腦”、“龍腦香”、“棉花冰片”。唐代段成式《酉陽雜俎》記載：“龍腦香樹出婆利國，婆利
　呼為固不婆律。……其樹有肥有瘦。瘦者有婆律膏香，一曰瘦者出龍腦香，肥者出婆律膏也。在
　木心中，斷其樹劈取之，膏於樹端流出，斷樹作坎而承之，入藥用別有法。”

㉑【龍腦香台階】翅龍腦香木鋸成板木，加工成器物，顏色、紋理與格木無異，極難辨別。廣東、海
　南及廣西的古代格木家具中，也有不少為翅龍腦香所製。（吳哥窟）

㉒【龍腦香樹】生長於吳哥窟的龍腦香樹，主幹粗長高大，長可達 20 米以上，樹皮灰白純淨，稀見
　鼓包、樹節或空腐。（吳哥窟）

㉓【陰沉】廣西玉林的格木陰沉木，長 12.9 米，中間圍徑 2.7 米。（天津薊縣洇溜鎮聖明軒）

㉔【陰沉】刀削陰沉木表面，緻密堅硬，材色深咖啡色，光澤明亮，油性極佳，沒有炭化和腐朽。

# 木材應用

## (1) 主要用途

《廣東新語》稱："廣多白蟻,以卑隰而生,凡物皆食,雖金銀至堅亦食。惟不能食鐵力木與櫃木耳。然金銀雖食,以其渣滓煎之,復為金銀,金銀之性不變也。性不變,故質也不變。鐵力,金之木也。木中有金,金為木質,故亦不能損。"從此描述可以看出格木材質之金貴堅緻,故多用於建築、橋樑及家具。

**建築:**民房、寺廟。如廣西容縣真武閣建於明朝,全部用格木建造。其樓梯踏板、扶手已呈古銅色而晶瑩剔透,這就是典型的產於本地的黃色格木。《格古要論》稱:"鐵力木,……東莞人多以作屋。"清代道光朝的《瓊州府志》卷三《輿地志‧風俗》記載:"民居矮小,一室兩房,棟柱四行,柱圓徑尺,中兩嵌以板,旁兩行甃以石,俱係碎石以泥甃成,亦鮮灰墁,其木俱係格木……。"

**橋樑:**廣西合浦的格木橋,經幾百年風雨仍堅固、完整。格木能抗海生鑽木動物造成的危害,故多用於橋樑及碼頭樁材。

**造船:**在廣州發現的秦代大型造船基地,出土的秦船大量使用格木、杉木及樟木,刨開表層仍完好如新。《天工開物》論述海舟製造時亦稱"唯舵杆必用鐵力木"。

**家具:**製作家具一般喜用紅褐色或深褐色格木即紅格。《廣東新語》稱鐵力木"理甚堅緻,質初黃,用之則黑。"這也是格木顏色漸變的一個過程。明人張岱《陶庵夢憶》云:"癸卯,道淮上,有鐵梨(力)木天然几,長丈六,闊三尺,滑澤堅潤,非常理。淮撫李三才百五十金不能得,仲叔以二百金得之……"《廣東新語》談到格木成器後的表面處理:"作成器時,以濃蘇木水或胭脂水三四染之,乃以浙中生漆精薄塗之,光瑩如玉如紫檀。"格木家具起源於何時何地,沒有明確的答案。目前所見廣西玉林的格木家具,典型的明式只佔 10% 左右,大量的為清式。玉林在明朝及以前為廣東所轄,語言及風俗習慣相近。有專家認為廣東明式家具之濫觴應為玉林,其實例就是目前看到的大量格木家具。此觀點尚無定論,但不可否認的是,玉林就地取材製作了大量精美傳世的格木家具。櫸木家具的製作早於黃花黎家具,黃花黎家具是櫸木家具不同材質的翻版。那麼格木家具是否同櫸木家具在歷史上所起的作用一樣呢?抑或是格木家具自我封閉、自成體系於廣西?從玉林遺存的明式格木家具的造型、做工來看,很多與源於蘇州及北京的明式家具如出一轍;其清式家具則與以廣州地區為代表的清式家具明顯不同,特點是明韻未去而清味不足,造型簡潔、流暢、古樸而不顯笨拙。這些,都是在格木家具研究過程中值得注意的現象。

## (2) 格木的來源

一為越南北部或東南亞其他地區,一般以寬厚沉重的大板為主;一為拆卸的古舊家具、寺廟、橋樑、民居及其他器物上的格木。前者主要用於氣勢恢宏的架几案、畫案的製作;後者除此用外,主要用於桌、椅、條案及櫃類的製作。前者講究形制,一般就料的大小尺寸而製作,故比例、形制的選擇十分重要;後者忌以舊仿舊,冒充古董。有的舊器之形或整體比例不合理,如果只是拼湊、就料而加以翻新則是極不可取的。

## (3) 木料選擇

格木家具講究厚重,獨板或一木一器、一木多器。架几案除長寬尺寸大外,厚度一般大於 12 厘米或更多,不然缺少厚重的氣勢。格木一般大料易得,故忌多拼或將不同顏色、紋理之格木拼湊而為器。案面、桌面、櫃面均為整板,很少鑲拼。

## (4) 加工工藝

格木加工時表面處理很難,容易戧茬,打磨困難,故不適宜於細雕。

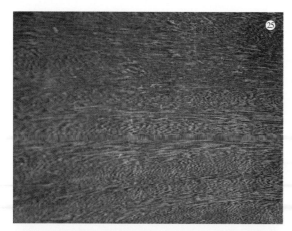

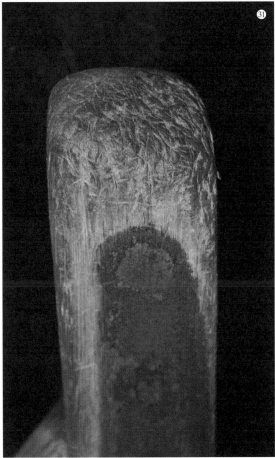

㉕【門板】"用之即黑"的門板局部，繩紋排列明顯、清晰。

㉖【陰沉】船塢或橋樑所用大徑格木，長 11 米，寬 80 厘米，高 60 厘米，原沉埋於西江支流，也有人說沉於西江支流的繡江即北流河。（收藏：夏志傑）

㉗【佛香閣 (1)】北京頤和園佛香閣高 41 米，建在 20 米高的石基上，建築主體由八根粗壯堅緻的格木支撐。（攝影：馬燕寧）

㉘【佛香閣 (2)】佛香閣格木擎天柱

㉙【真武閣 (1)】容縣真武閣二樓的樓板因人為踩踏變成黑色，繩紋相接，層層有序。

㉚【真武閣 (2)】真武閣建於 1573 年（明神宗萬曆元年），使用三千多根大小不一的格木建成，結構巧妙，科學合理，歷經多次地震仍牢固如初。風雨飄搖數百年，不腐不朽。梁思成先生稱其為"建築史上的奇跡。"

㉛【真武閣 (3)】真武閣格木樓梯扶手，摩挲處金黃如新。

## （5）木材搭配

　　格木作為黃花黎、紫檀家具的輔料，常用於穿帶、背板、頂板或抽屜板、盒之底板等。除格木的比重大，承重、承壓性能好以外，其乾燥後穩定性好也是重要原因。

　　需要注意的是，格木的紋理極易與紅豆木、雞翅木、鐵刀木、刀狀黑黃檀、坤甸木相混。雞翅木表面為完整的雞翅紋，坤甸木新切面為杏黃色，舊的坤甸木家具表面發黑，長長的棕色或銀灰色細絲紋一貫到底而不具其他任何紋理。

㉜【格木門窗頂板】（收藏：桂林焦炳來）

㉝【格木大門】（收藏：梁善傑）

㉞【格木柱礎】因格木堅硬如鐵，廣西民居用其替代青石做柱礎。（收藏：梁善傑）

㉟【米斗】民國時期的格木米斗，雖長年使用仍保持原有的深咖啡色，花紋蜿曲，自然相連而各具特色。（收藏：梁善傑）

㊱

㊲

㊱【金絲楠木獨板面格木大案】金絲楠木獨板長 380× 寬 88.5× 厚 9 厘米，大案通高 87 厘米。面心板寬大而厚實，滿面花紋，四周以格木板包裹，除了防止搬運、使用過程中磕碰損傷外，也可起到轉移與吸引觀者的注意力的作用，本案的焦點應在面心上，而不是扁方有力的八腿。（設計：沈平　製作：北京梓慶山房）

㊲【格木有束腰鼓腿膨牙三屏風獨板圍子羅漢牀】此牀設計、用材與形式之構思源於《周易》"大畜卦"之彖辭："剛健篤實，輝光日新。其德剛上而尚賢，能止健，大正也。"和"小畜卦"之彖辭："健而巽，剛中而志行，乃亨。"內則剛健篤實，外則順而文章，正符合此牀的特質。其格木色澤如一，猶如紫檀，久經歲月陰打磨，幾乎不見任何紋理，久觀之則紋理跳躍流動，千變萬化，如披褐懷玉之君子。三面圍子獨板，厚實敦樸，膨牙外鼓而後收，牀腿一木整挖，外張而後斂，張馳有度，收放自如。正如李白《山中問答》詩曰："問余何意棲碧山，笑而不答心自閒。桃花流水杳然去，別有天地非人間。"（設計：沈平　製作與工藝：北京梓慶山房　周統）

# 八、鸂鶒木

## Xichi Wood

### 學名

| 中文 | 拉丁文 |
|------|--------|
| 鐵刀木 | Cassia siamea |
| 紅豆樹 | Ormosia hosiei |
| 小葉紅豆 | Ormosia microphylla |
| 花櫚木 | Ormosia henryi |
| 非洲崖豆木 | Millettia laurentii |
| 白花崖豆木 | Millettia leucantha |
| 孔雀豆 | Adenanthera pavonina |

### 別稱

| 樹種名稱 | 俗稱 | |
|----------|------|------|
| | 中文 | 英文 |
| 鐵刀木 | 黑心木、捱刀砍 | Siamese senna, Bebusuk Moung |
| 紅豆樹 | 鄂西紅豆樹、黑樟、紅豆柴、何氏紅豆、膠絲、樟絲 | Red bean tree |
| 小葉紅豆 | 紫檀、紅心紅豆、黃薑絲 | |
| 花櫚木 | 花梨木、亨氏紅豆 | |
| 非洲崖豆木 | 非洲雞翅 | Panga panga, Wenge |
| 白花崖豆木 | 丁紋木、緬甸雞翅木 | Thinwin, Theng-weng, Sothen |
| 孔雀豆 | 海紅豆、相思格、紅豆、紅金豆、銀珠 | Coral pea-tree, Peacock flower fence |

### 科屬

| 樹種名稱 | 科屬 | |
|----------|------|------|
| 鐵刀木 | 豆科（LEGUMINOSAE） | 鐵刀木屬（Cassia） |
| 紅豆樹 | 蝶形花科（PAPILIONACEAE） | 紅豆屬（Ormosia） |
| 小葉紅豆 | 蝶形花科（PAPILIONACEAE） | 紅豆屬（Ormosia） |
| 花櫚木 | 蝶形花科（PAPILIONACEAE） | 紅豆屬（Ormosia） |
| 非洲崖豆木 | 豆科（LEGUMINOSAE） | 崖豆屬（Millettia） |
| 白花崖豆木 | 豆科（LEGUMINOSAE） | 崖豆屬（Millettia） |
| 孔雀豆 | 含羞草科（MIMOSACEAE） | 孔雀豆屬（Adenanthera） |

| 產地 | 樹種名稱 | 產地 | |
|---|---|---|---|
| | | 原產地 | 引種地 |
| | 鐵刀木 | 南亞、東南亞 | 雲南、廣東、海南、廣西等地 |
| | 紅豆樹 | 浙江、福建、湖北、四川、廣西、陝西 | 長江以南各省 |
| | 小葉紅豆 | 廣西、廣東 | 同原產地 |
| | 花櫚木 | 福建（泉州、漳州）、浙江、廣東、雲南 | 同原產地 |
| | 非洲崖豆木 | 非洲剛果盆地 | 同原產地 |
| | 白花崖豆木 | 緬甸、泰國、老撾 | 同原產地 |
| | 孔雀豆 | 廣東、廣西、雲南、海南島及喜馬拉雅山東部 | 同原產地 |

**釋名** 鸂鶒即今之鳳頭潛鴨（Aythya fuligula Linn.），又有溪鴨、鸂溪之稱。其名源於三國時期吳國人沈瑩所著《臨海水土異物志》："鸂鶒，水鳥，毛有五彩色，食短狐，其在溪中，無毒氣。"鸂鶒作為木材的名稱，在宋、明兩朝的文獻中頻繁出現。至清初，則多以雞翅木取而代之，亦稱雞鷙木、雞刺。明末清初，屈大均在《廣東新語》中稱："有曰雞翅木，白質黑章如雞翅，絕不生蟲。其結瘿猶枏鬪斑，號瘿子木。一名雞刺，匠人車作素珠，澤以伽楠之液，以給買者。""有曰相思木，似槐似鐵力，性甚耐土。大者斜鋸之，有細花雲，近皮數寸無之。有黃紫之分，亦曰雞翅木，猶香榈之呼雞瀨木，以文似也。"無論鸂鶒或雞翅，均以紋命名。通過解剖明清兩朝的鸂鶒木舊家具殘件、建築殘件可知，古人所稱的"鸂鶒木"並非單一樹種，其構成大致包括了鐵刀木、紅豆樹屬的幾個樹種及孔雀豆，產於緬甸、非洲等地的雞翅木來到中國則在晚清民國乃至近二十年，理應不包括在鸂鶒木之列，但因《紅木》標準已將其納入，故暫且將其歸於此範疇。

①【宋·佚名《荷塘鸂鶒圖》】鸂鶒類鴛鴦，雄雌伴游，一左一右，其式不亂。喜游竹林溪水或楊柳荷塘，色紫而紋美，故又有紫鴛鴦之稱，多象徵愛情與思念。唐代李白《古風》詩云："七十紫鴛鴦，雙雙戲庭幽。"宋代歐陽修《蝶戀花》詞曰："越女採蓮秋水畔。窄袖輕羅，暗露雙金釧。照影摘花花似曲，芳心只共絲爭亂。　鸂鶒灘頭風浪晚。霧重煙輕，不見來時伴。隱隱歌聲歸棹遠。離愁引著江南岸。"意都在此。

鸂鶒常食短狐，故又是正義、勇敢的化身。短狐即蜮，傳說是一種含沙射人的動物。漢代毛亨《毛詩註疏》解讀"為鬼為蜮"稱"（蜮）狀如鱉，三足，一名射工，俗呼之水弩，在水中含沙射人，一曰射人影。"故歐陽修有"水涉愁蜮射，林行憂虎猛"之詩句。

② 【師古紅豆樹】生長於四川省什坊市師古鎮紅豆村的紅豆樹，據稱始植於唐，樹齡 1200 多年。紅豆如鸂鶒一樣也是愛情、思念的寄物。唐代牛希濟《生查子》云：「新月曲如眉，未有團圓意。紅豆不堪看，滿眼相思淚。終日擘桃穰，人在心兒裏。兩朵隔牆花，早晚成連理。」

③ 【紅豆樹樹葉】

④ 【紅豆樹樹皮】樹皮灰色，有淺溝槽，披薄青苔。

⑤ 【紅豆樹莢果及種子】

⑥ 【花櫚樹皮】灰白色、不連貫的線形斷紋排列有序，樹皮平滑。

⑦ 【花櫚樹枝】紅豆成熟，莢果張開，紅豆點點，紅綠相映。

⑧ 【泰寧花櫚木】生長於福建省泰寧縣明清園的花櫚樹，分杈低，樹冠呈傘形。

⑨ 【花櫚莢果和紅豆】《廣東新語》記載稱：「（相思木）花秋開，白色。二三月莢枯子老如珊瑚珠，初黃，久則半紅半黑。每樹有子數斛，售秦晉間，婦女以為首飾。馬食之肥澤，諺曰：‘馬食相思，一夕膘肥；馬食紅豆，騰驤在廐。’其樹多連理枝，故名相思。……鄺露詩：‘上林供御多紅豆，費盡相思不見君。’唐時常以進御，以藏龍腦，香不消減。」侯寬昭主編的《廣州植物志》稱花櫚木「莢果扁平，長 7–11 厘米，寬 2–3 厘米，稍有喙，種子長 8–15 毫米，紅色。花期：7 月。」

⑩ 【花櫚樹葉】

# 木材特徵

　　明代曹昭《格古要論》謂"瀢䴘木,出西番,其木一半紫褐色,內有蟹爪紋;一半純黑色如烏木,有距者價高。西番作駱駝鼻中絞捻,不染膩。但見有刀靶而已,不見大者。"《廣東新語》則稱其"白質黑章如雞翅",這是明清學者對於瀢䴘木特徵的基本描述,與現今所見非洲及緬甸雞翅木的特徵完全不同,這也是我們未將二者列入瀢䴘木範疇的主要原因。

| | | |
|---|---|---|
| **鐵刀木** | 邊　　材: | 淺白至淡黃色,心邊材顏色差異明顯。 |
| | 心　　材: | 栗褐色或黑褐色,有時呈大塊黑褐色或墨黑色。心材底色有時呈黃色或金黃色,具栗褐色或黑褐色條紋,此為鐵刀木之一種。前者顏色、紋理大大遜於後者,與古代家具所用鐵刀木區別明顯。 |
| | 生 長 輪: | 明顯 |
| | 氣　　味: | 有一股難聞的臭味 |
| | 紋　　理: | 有細如髮絲的雞翅紋,迴轉自如,金黃色、咖啡色交織。有時呈大片空白而無圖案,僅有絞絲紋或直紋。如徑切則咖啡色及金線斑點明顯。 |
| | 光　　澤: | 加工打磨後具持久光澤,數百年之鐵刀木家具仍可保持。 |
| | 油　　性: | 新切面油性依產地、樹齡而不一樣,多數油性不夠,比重大者則油性重。 |
| | 手　　感: | 新切面多數有毛茬,手工打磨困難,且棕眼較長,十分明顯。開料存放 1 年以上經加工打磨,手感明顯好於初期,比重大者手感順滑。 |
| | 氣乾密度: | 0.63–1.01g/cm³,產於福建等地的鐵刀木有比重大者。 |

| | | |
|---|---|---|
| 紅豆樹 | 邊　　材： | 淡黃褐色，與心材區別明顯。 |
| | 心　　材： | 栗褐色，顏色均勻一致。 |
| | 生　長　輪： | 不明顯，故紅豆樹之心材鮮有深色或淺色條紋分割。 |
| | 氣　　味： | 無 |
| | 紋　　理： | 細密的雞翅紋彎曲有序，若隱若現。 |
| | 光　　澤： | 明顯 |
| | 油　　性： | 中等，加工成器且長期使用則有明顯薄而膩的包漿。 |
| | 手　　感： | 一般，新切面毛茬較多，刨光後也有阻手之感。 |
| | 氣乾密度： | 0.758g/cm³ |
| 白花崖豆木（又稱丁紋、緬甸雞翅木） | 邊　　材： | 淺黃色或淺灰白色 |
| | 心　　材： | 新開面呈淺黃色或淺咖啡色，久則呈黑褐色或栗褐色，黃色也有但偏少，黑色條紋明顯，心材顏色較為均勻一致。 |
| | 生　長　輪： | 不明顯 |
| | 氣　　味： | 無 |
| | 紋　　理： | 徑切面有細長的深色細紋，弦切面則呈滿面雞翅紋，線條較紅豆樹、鐵刀木粗，圖案規矩呆板而少有變化。 |
| | 光　　澤： | 因其比重、油性大，故光澤鮮亮明麗。 |
| | 油　　性： | 新切面油質感強，鋸末潮濕而易手捏成團。 |
| | 手　　感： | 光潔滑潤 |
| | 氣乾密度： | 1.02g/cm³ |
| 孔雀豆（又稱海紅豆） | | 艾克及王世襄先生均提到了孔雀豆，疑似為紅木。生長於海南島的孔雀豆與相思木（紅豆樹）之心材特徵近似，廣東及海南島明清時期的舊家具有少部分為孔雀豆製作，但藏家一般將其歸入雞翅木之列。<br>孔雀豆心材紅褐色或黃褐色，久則呈紫褐色，僅局部呈散狀雞翅紋，其餘部分並無特別可愛的花紋。氣乾密度 0.74g/cm³。其種子殷紅鮮亮，可做項鏈、手鐲及其他愛情飾物，王維有詩云："紅豆生南國，春來發幾枝。願君多採擷，此物最相思。" |

⑪【大其力鐵刀木】緬甸東部臨近泰國的大其力 (Tachilek) 是著名的"金三角"腹地，周圍盛產花梨、酸枝及上等柚木，湄公河之東便是老撾、泰國。這一地區遍生鐵刀木，故"大其力"意為"生長鐵刀木的港口"或"鐵刀木城"。

⑫【鐵刀木樹葉】據《廣州植物志》記載，鐵刀木葉長 25-30 厘米，葉柄和總軸無腺體；小葉 6-10 對，近革質，桁圓形至矩圓形，長 4-7 厘米，寬 1.5-2 厘米，尖端鈍而有小尖頭，兩面禿淨。

⑬【花與莢果】花黃色，花期：10 月。莢果長 15-30 厘米，寬 1 厘米，扁平，微彎，有種子 10-20 顆。

⑭【遮放鐵刀木】雲南德宏州遮放鎮道路兩旁、民居四周均植有鐵刀木，傣族將其作為薪炭材，連砍連發新枝，故有"捍刀砍"之稱。

⑮【樹皮】遮放鎮鐵刀木樹皮，灰色、順滑。

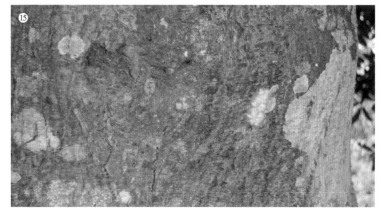

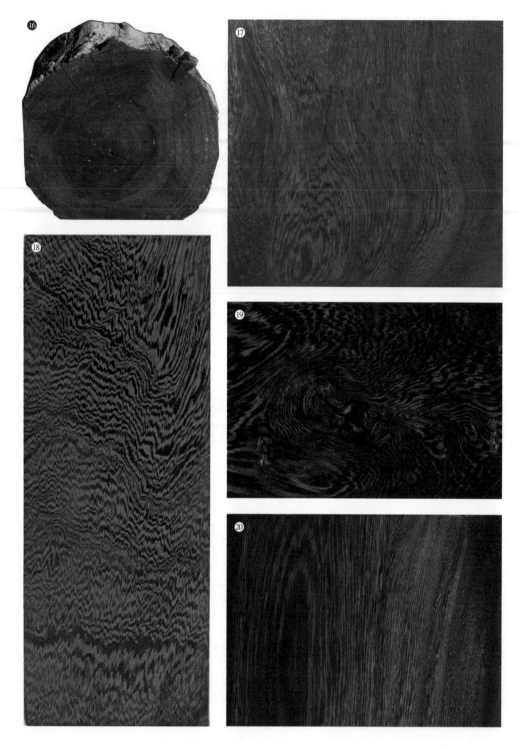

⑯【鐵刀木橫切面】（標本：北京梓慶山房標本室）
⑰【鐵刀木心材】（標本：北京梓慶山房標本室）
⑱【鐵刀木心材】（標本：北京梓慶山房標本室　攝影：崔憶）
⑲【鐵刀木虎面紋】（標本：北京梓慶山房標本室）
⑳【鐵刀木心材】（標本：北京梓慶山房標本室）

# 木材分類

## (1) 按科屬及樹種分

鐵刀木屬（鐵刀木）

紅豆屬（紅豆樹、花櫚木）

崖豆屬（非洲崖豆木、白花崖豆木）

孔雀豆屬（孔雀豆）

## (2) 按心材顏色分

上者為金黃色，次之則黑褐或紫褐色，再次之為栗褐色間雜。

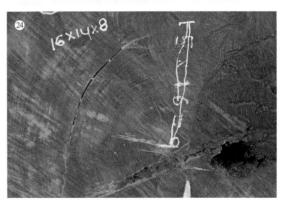

㉑【緬甸雞翅木弦切面】

㉒【緬甸雞翅木方材】（雲南畹町）

㉓【緬甸雞翅木方材端面】呈放射形白色紋理即所含石灰質，
雞翅木剛硬如石，多生長於石山或風化岩地帶。（畹町）

㉔【緬甸雞翅木端面局部】（畹町）

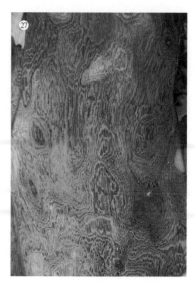

㉕【光澤花櫚木】生長於福建省南平市光澤縣鸞鳳鄉梁家坊水田中央的花櫚木，樹幹通直，與楠竹、楮木、樟樹為伴。此樹已被縣政府掛牌保護。

㉖【花櫚主幹】主幹佈滿青苔、蕨及其他不知名的植物。

㉗【花櫚木根】（標本：傅建明、傅文明）

㉘【花櫚陰沉】伐後棄於竹林杉樹叢中的花櫚木，邊材佔 3/4，心材約 10 厘米，邊材幾乎被蟲蝕腐爛，一觸即散。（資料提供：福建光澤縣 傅建明 傅文明）

# 木材應用

## （1）主要用途

**家具**：由於此類木材多絞絲紋，須考慮加工及承重因素，且美紋時有時無，用之於器物，用好則美，用得不好則亂。故用作家具的局限性較大，多見於椅、小案子或硯盒之類，也有少量的牀、書架等。據雍正時期的檔案記載，鸂鶒木家具主要有帽架、匣、小衣架、端硯盒、如意、舊案等。雍正四年，蔡珽進紅豆木十塊，後做得紫檀木牙紅豆木案、紅豆木轉板書桌、紅豆木案、紅豆木桌等家具。

**內簷裝飾：**乾隆年間所建倦勤齋內飾之縧環板、槅扇、碧紗櫥、炕罩的縧環板和裙板均採用瀨鵝木（主要是鐵刀木）包鑲楠木胎。其他建築之內簷裝飾也有用鐵刀木的。

**工藝雕刻：**如刀柄、雕刻品及其他裝飾性較強的器物。

**造船：**由於瀨鵝木有防蟲、防潮之特性，古代也用其製作船底、甲板等。

## (2) 選材

鐵刀木的利用須極其謹慎、小心，因其產地及生長環境差別較大，如果用於家具製作，應選擇心材本色乾淨、純潔，呈金黃或紫褐色者，有大片黑色或本色混濁不清者應慎用或棄用。花紋美麗是其鮮明特徵，同時因心材多絞絲紋，開鋸、刨光、打磨均十分困難，雕刻紋飾也顯粗糙，故應盡量避免過多的雕刻，以光素、渾圓、正直為主。

紅豆屬木材應選用比重大、顏色乾淨、花紋別緻有序者，棄用比重輕及亂紋者。孔雀豆呈大片無紋之血紅色，久則烏紫，不宜用於高級家具製作。

緬甸雞翅木流行於清末民國時期，因其花紋過於炫目、呆滯而失變化，成器後俗氣難掩，難入上品之列，非我國傳統家具製作的優良首選材料。

非洲雞翅木再次於緬甸雞翅木。約 1990 年代中後期才進入中國，原木徑級大者近 1 米，長度多在 10 米以上。其黑色或灰色紋理寬大肥厚，規矩而無奇致之處，同樣也不能作為傳統優秀家具的製作材料。

㉙【明・黃花黎鸂鷘木面心畫案局部】（收藏：北京 胡生月）

㉚【明・黃花黎鸂鷘木面心畫案局部】從此鸂鷘木的色澤與紋理來看，完全不同於清中期以後出現的所謂"雞翅木"，雞翅木多源於緬甸。（收藏：北京 胡生月）

㉛【清・鸂鷘木響板】（美國舊金山古董市場）

㉜【清中期・鸂鷘木架子牀圍子板松鹿吉祥圖】

㉝【明・蘇作鸂鷘木劈料方凳】（收藏：繆景雄 廣東中山市香山逸客）

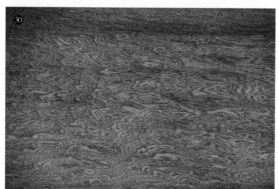

33

# 九、櫸木

## Zelkova

**學名**　櫸木是榆科櫸屬幾種木材之統稱，常見有大葉櫸、光葉櫸與大果櫸等品種，故要用一個拉丁文集合名詞 "Zelkova spp." 來命名。我國傳統家具所用的櫸木多為大葉櫸，其學名為 Zelkova schneideriana，本書主要以大葉櫸為主介紹，同屬的其他木材會有少量涉及。

**別稱**　**中文：**櫸柳、櫸樹、鬼柳、櫃柳、櫃（櫃木）、杞柳、紅櫸、血椐、血櫸、櫸榆、紅株樹、黃櫸、白櫸、鷿鵜櫸、石生樹、大葉櫸、大葉榆、主脈櫸、胖柳、牛筋榔、沙榔、榔樹、面皮樹、紀株樹、椐木、南榆、雞油樹、黃梔樹、東京櫸、寶楊樹、黃梔榆、黃榆樹、龍樹、訓（藏語音譯）

　　　　**英文：**Zelkova

**科屬**　榆科（ULMACEAE）　櫸屬（Zelkova）

**產地**　**原產地：**大葉櫸一般產於我國淮河一秦嶺以南，廣東、廣西、貴州、雲南東南部均有分佈。而渝、黔、桂、湘及其交界處是大葉櫸的集中產區，幹形好、材色純淨、紋理清晰、少有節疤，材質明顯高出其他地區。如貴州的黎平、錦屏、黃平、貴陽、劍河、平塘、冊亨、望漠；廣西的樂業、天峨、融水、融安、三江、東蘭、巴馬、桂林；湖南的懷化、湘西州、張家界；重慶的酉陽、秀水。江、浙、皖及藏東南也有一定數量的分佈。

　　　　**引種地：**大葉櫸很少人工引種，在其原產地有極少量的人工種植。

**釋名**　櫸，又指櫸柳或鬼柳，李時珍認為"其樹高舉，其木如柳，故名。山人訛為鬼柳。郭璞註《爾雅》作櫃柳，云似柳，皮可煮飲也。"

① 【丘北大葉欅】雲南文山州丘北縣八道哨鄉矣堵村民委山白村小組的大葉欅，生長於兩山之間的平地，根部有
空洞，可容 5-6 人，樹高 45 米，樹冠直徑 25 米，主幹高約 12 米，距地面 1.5 米處，圍徑約 8 米。據鄉林業
站站長介紹，當地將欅木分為紅欅與金絲黃欅，紅欅葉子大、皮薄、光滑；金絲黃欅葉子小、皮厚、具溝槽。
欅木多與黃連木、紫油木（青香木）、青岡、叮噹果、椎櫟等混生。壯族山民將其尊稱為"竜樹"（即"龍樹"）。

② 【樹葉】《雲南樹木圖志》介紹：欅樹"落葉喬木。當年生枝，密生柔毛。葉長橢圓狀卵形，長 2-10 厘米，
邊緣具單鋸齒，側脈 7-15 對，上面粗糙，具脫落性硬毛，下面密被柔毛；葉柄長 1-4 毫米。花單性，稀
雜性，雌雄同株。堅果上部斜歪，直徑 2.5-4 毫米。果期 6 月。"

③ 【樹冠】丘北縣錦屏鎮碧松就村三龍老寨龍（竜）山之大葉欅。整個樹冠直徑約 40 米。壯民嚴禁採伐"竜
樹"，竜山（即祖先發祥與靈魂聚集之地）的一草一木，甚至枯枝也不能損壞與移動。1980-1990 年代初，
文山各地大量砍伐欅木出口日本，僅三龍老寨一個山頭淨伐欅木 400 多立方米，最大的一棵小頭直徑達
2.8 米，長約 16 米，樹根鋸開後當茶桌可圍坐 20 多人。當年曾專門修路外運巨木。

④ 【主幹】碧松就村三龍中寨的大葉欅樹幹，被稱為"金絲黃欅"，特點是葉小皮薄，且具溝槽。樹幹從根部至
5 米處，有連串對穿的洞，因村民採集野蜂窩用斧、刀挖洞所致，根部空洞有火燒的痕跡。

⑤ 【主幹】三龍老寨竜山的大葉欅，樹高約 30 米，樹冠直徑 40 米，枝葉交叉重疊，濃郁厚實，猶如天幕。地
面至第一分杈處，高 4 米，胸徑約 1.5 米。左側分枝高 10 米處，直徑約 0.8 米；右側高 9 米處直徑約 0.6
米。右側樹枝於 1990 年遭雷劈，當時有人主張出售，遭到村民堅決抵制。部分樹根已挖斷，露劈火灼的
痕跡仍很明顯。

⑥【生長環境】碧松就村的大葉櫸主要生長
　於房屋後山。據介紹，櫸樹喜生於石頭
　山與土山分界處，離分界線太遠也很少
　生長，因為當地地處喀斯特地貌地帶，
　故文山櫸木內含石灰質比較普遍。

⑦【磚紅色土壤】文山櫸樹多生長於磚紅色
　土壤或石山上，當地村民房屋的牆壁即
　用磚紅色土壤構築。

# 木材特徵

　　大葉櫸為落葉大喬木，高約 30 米。易與同科不同屬的榔榆（Ulmus parviflora）相混，榔榆樹皮與大葉櫸類似，木材之顏色、紋理也很難辨識，在野外時可據樹葉及其他特徵分別，但如果造材後混放，觀其樹皮便可判別真假。大葉櫸皮厚，灰色或紅褐色，不可食用，皮呈塊狀脫落，易折、無黏質，內皮花紋呈火焰狀。而榔榆外皮薄、黃褐色，樹皮具黏質，纖維發達，可食用，不易折。

邊　　材：　黃褐色，有時呈淺黃泛灰。

心　　材：　大葉櫸一般生長在酸性土、中性土、石灰岩山地及輕鹽鹼土上，也有的生長在房前屋後肥沃的土壤之中。雲南、廣西、貴州、湖南生長櫸木的地方多為喀斯特地貌，故這些地方的櫸木靠近根部之心材常含石灰質，是其明顯特徵，而江浙之櫸木多不具此特徵，僅沿太湖一帶有少量含石灰質者，與其特有的地質地貌是相符的。一般而言，雲南產大葉櫸心材多為淺栗褐色帶黃，光澤強，而雲南東南部文山所產櫸木則有紅、黃兩種顏色。貴州、湖南產大葉櫸心材則多為淺黃色，或淺黃色中泛淺褐紅色。陳嶸認為所謂"血櫸"即"其老齡而木材帶赤色者"。

生 長 輪：　十分清晰，常呈深褐色或咖啡色。

氣　　味：　新伐材具甘蔗清香甜氣味。

光　　澤：　光澤性強，但長年使用後之包漿有油膩之感，與其他硬木之包漿有明顯區別。

紋　　理：　弦切面常呈"寶塔紋"，也稱"峰紋"或鸂鶒紋，故又有"鸂鶒櫸"之稱。徑切面淺褐色或咖啡色紋理排列有序，深色紋理間夾雜淺黃或淺褐紅色。

氣乾密度：　0.791g/cm$^3$

⑧

⑨

⑩

⑪

⑧【貴州欅木端面】端面淡黃，不見石灰質，樹皮與邊材已分離，極易脫落，此為大葉欅基本特徵之一。

⑨【丘北欅木】白線即為石灰質，材質性脆易裂，加工極為困難。（標本：丘北縣平寨鄉蚌常村納偉村小組）

⑩【蟲紋】產於貴州的大葉欅，樹皮脫落後常現神奇的花紋，應為蟲害的遺跡。這些痕跡及蟲害對於不同木材的傷害或與材質，特別是材色、紋理變化的關係，是木材商極感興趣的問題。

⑪【梯形層疊紋】（標本：北京梓慶山房）

⑫、⑬、⑭【布格紋】（標本：北京梓慶山房）

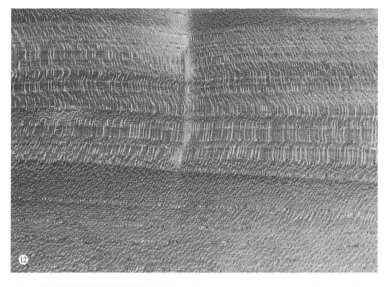

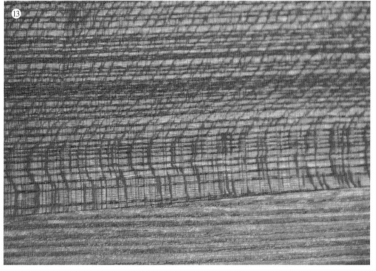

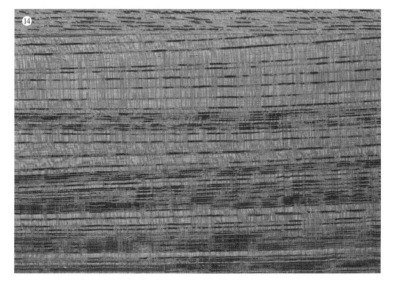

# 木材分類

| | | |
|---|---|---|
| **按樹種分** | 大葉欅<br>(Zelkova schneideriana) | 產中國淮河—秦嶺以南，廣東、廣西、雲南、貴州、四川、湖南、湖北及江蘇、浙江、安徽、河南、陝西南部均有分佈。 |
| | 光葉欅<br>(Zelkova serrata) | 產日本、朝鮮，中國的華東、華中、西南省份均有分佈，遼寧大連一帶也有引種。 |
| | 大果欅<br>(又稱小葉欅 Zelkova sinica) | 產山西、河南南部、湖北西部、陝西南部、甘肅、四川、貴州、廣西等地。 |
| | 鵝耳櫪欅<br>(又稱高加索欅，Zelkova carpinifolia) | 產伊朗高原、高加索地區。 |
| | 台灣欅<br>(Zelkova formosana) | 主產中國台灣，又稱"雞油樹"。 |
| **按材色分** | 紅欅（血欅） | 陳嶸認為所謂"血欅"即"其（大葉欅）老齡而木材帶赤色者"。 |
| | 黃欅 | |
| | 白欅 | 有中國專家認為白欅實為榔榆。日本幾大木材商認為湖南西部、貴州東南部之欅木材色純正、紋理清晰者為欅木之最，故將這一帶的欅木稱為"白欅"。"榔榆說"有一定的道理，但普遍認為白欅還是大葉欅中心材色淺純淨、紋理羅致有序的一種。 |

⑮【**貴州大葉欅**】從事對日欅木出口的人士講，貴州欅木密度適中，含石灰質較少，材質光潔、乾淨、細膩，顏色中和，故在日本市場很受歡迎。1990 年代初，貴州欅木運至日本，進入拍賣市場，並非整棵拍賣，而是在鋸木廠以片論價，每開片之前開始競價，價格奇高，場面熱鬧。而文山欅木色重，偏褐紅色，材質硬、脆，內含石灰質較多，且易崩鋸，故日本市場不大喜用。有商人遂將文山欅木運至貴州或湘西，冒充當地欅木出售日本。

⑯【**日本欅（1）**】日本京都相國寺幾乎全為欅木所構建。欅木牆板經長年風侵、陽光照射與日月摩挲，由金黃色衍變為紫烏色或深咖啡色，紋如水草春淵，纖層畢現。

⑰【**日本欅（2）**】淺黃色或穀黃色為日本欅之基本色或稱本色，寶塔紋為淺褐色。

⑱【**日本欅（3）**】顏色乾淨，如晴光瀲瀉，一塵不染，是日本挑選優質欅木的共同標準。色淨而淡，則謂雅致、秀逸。故日本欅木除用於家具內簷裝飾外，也多用於佛寺，特別是禪宗寺廟的構造。

⑲【**血欅**】壽長而蒼古的欅木之根部或近根部之主幹多呈褐色或深褐色，特別是根部有空洞，腐朽則更明顯。

⑳【**白欅**】色淺而勻稱，紋理細密如織，右側有明顯的蟲道。

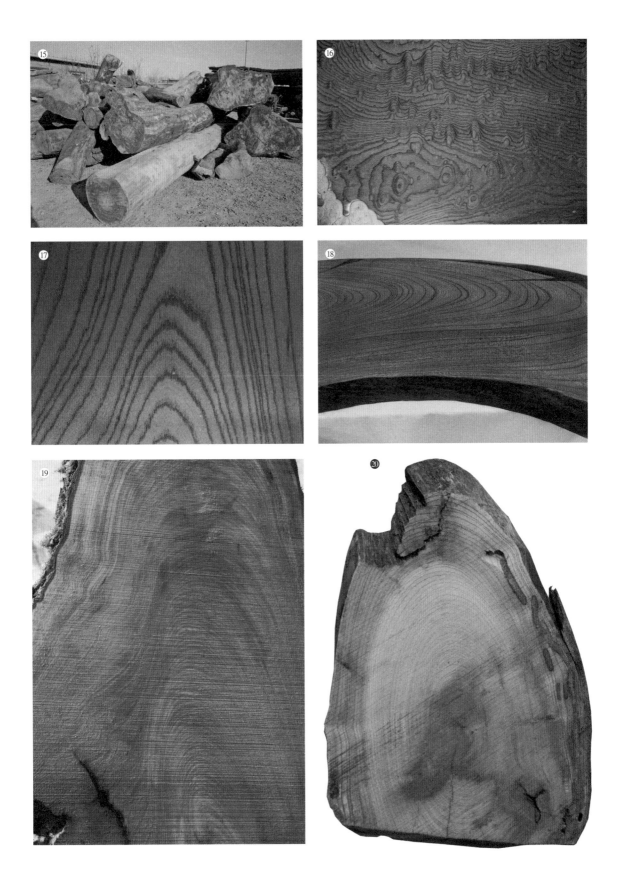

# 木材應用

## (1) 主要用途

櫸木的用途十分廣泛，在我國江浙一帶常用於建築、造船、家具及日常用具，樂器，農具，紡織器具，橋樑等。最大的用途還是家具的製作。

江浙一帶的櫸木多生長於溝渠旁邊、屋宇前後，就地取材十分容易，遂成為當地最主要的家具用材樹種，文人、鄉紳乃至普通人家皆用之。唐燿《中國木材學》在評價櫸木時稱："南京之木舖，常揭椐木家具之市招，亦可知其為一般人所愛好矣。我國闊葉樹材之能成大喬木者，除樟外，以此為最；而材質之佳，用途之廣，尤莫與比云。此材用以造船，除印度之柚木外，以此為最良；用為枕木，優於梣樹（白蠟樹，Ash）及櫟樹（Oak）。用製家具、玩物及漆器木身等，均極相宜。"依據《清宮內務府造辦處檔案總匯》整理雍正時期有關家具的史料，僅有一處提到"椐木"，"雍正七年六月二十四日，太監劉希文傳旨：'九洲清晏東暖閣陳設的洋漆書格下，著做擱書格的書式桌二張，高九寸，或用椐木，或用花梨木做亦可。欽此。'於七月十二日做得紫檀木書桌二張，郎中海望呈進。訖。"

王世襄《明式家具研究》在述及櫸木及櫸木家具時稱："北京不知有櫸木之名，而稱之曰'南榆'。傳世南榆家具相當多，因造型純為明式，製作手法與黃花梨、鸂鶒木等家具無殊，有的民間氣息深厚，別具風格，饒有稚拙之趣，故歷來深受老匠師及明式家具愛好者的重視。論其藝術價值與歷史價值，實不應在其他貴重木材家具之下。"

## (2) 櫸木作為家具用材的特點

其一，大材易得，常見一木一器或一木數器，數堂家具都有可能一木所為。製作家具的櫸木一般生長於江南地區的房前屋後、溪流兩側或山溝中，土地肥沃、水源充足，故其生長的速度快於一般木材。另外，受到宗教及樹神崇拜的影響，許多櫸木受到特殊關照與保護，大樹保有量較多，有些大葉櫸直徑約 2 米。這些因素為櫸木的成規模開發利用提供了可能。

其二，講究紋理、顏色的對應。櫸木紋理平行不交叉，整齊規矩、清潔素朴、靜雅沉潛。製作椅類、櫃類家具時極為講究紋理的選擇與對應，一般是一塊板對開，一分為二，而有瀨鶓紋者多用於櫃心板。椅類最吸引目光處應是靠背，一對或四椅、六椅、八椅成堂，其靠背必出於一木，紋理必相對應，幾乎絲紋相扣。

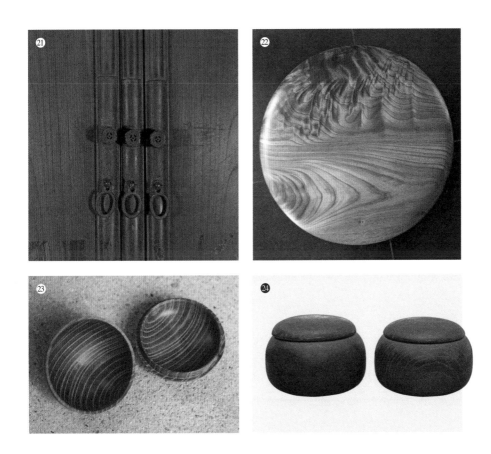

㉑【清早期蘇作櫸木圓角櫃的局部及銅活特寫】(收藏：北京梓慶山房)
㉒【琴凳面】此種美紋之出現於櫸木根部，多見於貴州及湘西櫸木。（標本：北京梓慶山房）
㉓【櫸木香盒】櫸木因其色澤溫潤、比重適中，且紋理清秀，常用於香粉盒、首飾盒。
㉔【明·櫸木棋盒】棋盒除採用榧木、紫檀、黃花黎外，多用櫸木、栗木或雲杉、鐵杉之紋理規矩、清晰之上等木材。（收藏：雲南 梁與山 梁與桐）

其三，歷史悠久。櫸木的利用歷史很長，用於家具應在其他硬木之前。其造型、結構與工藝幾乎與黃花黎一樣，是黃花黎家具之範本。《山海經》、《詩經》都有關於"椐"的記載（有考證說所指不一定是椐木），漢代許慎《說文解字》及以後的文獻都有"椐"、"檟"、"櫃"及"櫸"之記載。清木植物學家吳其濬曾對史籍中涉及櫸木的資料進行過系統整理，有力地證明古人很早就開始了對櫸木的利用。故此，稱櫸木家具是黃花黎、紫檀家具及其他硬木家具的先輩與範本，實不為過。

其四，重綫條少雕琢。櫸木家具的裝飾以線條為主，少雕且多以浮雕為主，鏤雕、整板雕刻也有，但比例不是很大。由於櫸木乾縮性較大，易開裂、變形，因此也很少用櫸木做槅扇。

### (3) 採伐與原木保護

櫸木與楠木採伐方法幾乎一致，但伐後避免樹皮的脫落是一大難題。櫸木樹皮極易脫落，一般在伐後用麻袋纏裹樹幹，再用鐵皮或鐵絲捆紮，並潑水保濕以保證樹皮不至於因伐後乾燥而迅速脫落。脫皮容易造成櫸木加工前的表面開裂，進而造成從頭至尾的開裂。伐後亦可在端面刷乳膠或抹蠟並封毛邊紙，以防端面輪裂或其他形式的開裂。西南地區的櫸木多生長在石灰岩分佈區的山嶺上，有的直接長在岩石上，地表環境惡劣，且櫸木較硬、較脆，受到劇烈震動很容易產生環裂、徑裂而影響製材或毀掉整棵原木。故不宜採取往山下滾的方式，應在山坡挖小槽溝，順槽溝牽引而至山腳。

㉕【明‧櫸木一腿三牙大桌】此器為明末一腿三牙方桌的基本形式。桌面尺寸殊大，冰盤沿起攔水線，邊抹與面心連接採用明末時尚的挖圓作；羅鍋根為整料挖製，素混面，彎曲、張馳，收放自如。明代文震亨所著《長物志》曰：方桌"須取極方大古樸，列坐可十數人者，以供展玩書畫。若近製八仙等式，僅可供宴集，非雅器也。"此桌樸拙大方而無紋，為蘇式文人家具之模範。（收藏：北京梓慶山房）

㉖【櫸木素牙頭夾頭榫獨板面心畫案】此案為蘇作明式畫案的經典式樣。面心採用寶塔紋層疊的大獨板，空間分隔合理是其主要特徵，看面廣闊，側面由兩個橫板分成三個大小不一的獨立空間，下根儘量上提，除了美觀外，也增加了空間，自由、開放而無拘無束，亦如明末文人張揚個性、重視自我。（設計：沈平　製作與工藝：北京梓慶山房　周統）

㉗【櫸木夾頭榫畫案面心】（標本：北京梓慶山房）

## (4) 原木開鋸

第一，開鋸前應逐一將樹皮除淨，以便觀察櫸木的缺陷。如底部有空洞，且空洞深度有限，應從空洞截止處截斷；樹幹中部或其他部位有空洞、死節（朽節）或夾皮（有的內夾皮）均應避開，看不準時可以在有疑處鋸一薄片或用斧頭敲擊探傷，再據原木實際情況下鋸。遇有大的包節，主要是活節，須與包節平行開鋸，即採用弦切方法，保證花紋的完整形與連續性。採用弦切方法得到"寶塔紋"的機率是很高的。如遇徑裂，只能順徑裂方向下鋸，木材紋理多順直而變化不大。

第二，因櫸木伸縮性大，其板材的厚度及寬度應預留 5% 左右的加工餘量，以保證淨板的尺寸。

第三，每鋸完一塊板，須清理板面的木屑，保持板面清潔。因開鋸時噴水，使木屑黏於板面，容易造成板面及木材霉變。

第四，每塊板之間應放置同樣厚度的軟木隔條，最好按一根木材順序堆碼成捆，用鐵皮捆紮。木材乾燥後不使用，則不必開包。

第五，弦切板的兩端除了塗漆或抹蠟外，還應用打包機固定，防止乾燥時順紋開裂。如發現木材紋理明顯寬窄不一，則以徑切為妙。日本為了防止櫸木乾燥開裂多以徑切為主。

## (5) 乾燥

櫸木性大，定性之前與楠木有近似之處，即極易開裂、翹曲。製成規格材後兩端刷油漆或乳膠，覆蓋面稍大一點，可以防止水分從板材兩端外溢過速而造成端裂。開鋸後當天就將板材進窯，一般採用噴蒸法乾燥比較合適。如果乾燥窯不是電腦自動控制，會有噴淋不到或不均勻的木材，故應採取人工噴灑以補缺漏。窯溫控制在 50–60 度之間，乾燥時間約 20 天左右。停火 3–5 天即窯內徹底冷卻後再出窯。櫸木板材出窯後有一個養生過程，在室內存放 20–30 天後才能完全定性，再進入車間加工，一般不會出現大的伸縮或變形，也不易開裂。

㉘【櫸木雙開門三屜兩層櫃格】櫃、格本為兩種器物，隨着家具式樣的演化，合二為一，故稱櫃格。此器體寬高深，而拆分自如，牢固如初。四腳八挓，扁足四周、櫃門邊、棖均為混面。格板採用少紋色純之銀杏木，起到規避櫸木花紋過於耀眼而帶來的輕揚之態。櫃門心、抽屜臉均為一木所開，抽屜臉徑切直紋，而櫃門心花紋行雲流水，景致轉換，如同夢幻。（設計：沈平　製作與工藝：北京梓慶山房）

㉙【日本櫸木屏風】日本佛教聖地高野山福智院（Fukuchin）藏櫸木屏風局部

## (6) 木材搭配

從優秀的蘇作欅木家具來看，欅木常與銀杏、杉木、楠木、樟木（紅樟）、格木、柏木相配。如抽屜的底、邊多用杉木或樟木、柏木，櫃之側面用欅木或楠木。書格之底板用銀杏或無紋之楠木，背板也多用杉木（一般被麻掛灰），穿帶多用格木或紅樟。銀杏純潔、乾淨、色澤中和，材料呈奶白或淺黃色，與章紋華麗之欅木相配乃屬天意。欅木極少與純淨木材或花紋美麗的木材相配。

⑳【清理木屑】欅木開鋸時為防夾鋸及降低鋸片摩擦時的高溫，一般自動噴淋冷水，同時產生的如泥漿似的木屑黏附於板面，須用木片或刮刀清除，不然易藍變，影響材色與材質。（資料提供：北京梓慶山房）

㉛【捆紮（1）】鋸板時應按每一根原木之鋸板順序堆碼，板與板之間用軟木隔條分隔，原則上一根原木一捆，或分為兩捆，同時應做好標記。堆碼時，每塊板之正反兩面應再次清除木屑與泥漿。（資料提供：北京梓慶山房）

㉜【捆紮 (2)】捆紮成包之前，板面開裂處及兩端應塗抹白色乳膠或漆，防止裂縫炸裂或兩端失水過快而產生縱裂。（資料提供：北京梓慶山房）

㉝【捆紮 (3)】最後用鐵箍捆紮（資料提供：北京梓慶山房）

㉞【大癭切法】此癭巨大，小頭直徑 62 厘米，長 2 米。櫸木癭紋延伸，一般兩倍或數倍於癭之直徑，是製作櫃門心、桌案面心之良材，故第一鋸應與癭包平行，鋸成相同厚度的薄板。（資料提供：北京梓慶山房）

㉟【自然乾燥】日本出雲（Izumo）櫸木作坊的櫸木鋸板後交叉立於三角形鐵架兩邊，一般經過四季風吹雨淋，再進室內立於牆壁四周，截為半成品後再入小窯低溫乾燥。圖中板材小頭朝上，大頭朝下，即接近樹根部分朝下。也有人認為，鋸板後應大頭朝上，小頭朝下，因為樹木在正常生長過程中的水分、營養通過導管從下而上，如人體血脈流動，不可逆轉。特別是新伐材，含水率較高，如此置放，則自然乾燥週期較短，乾燥效果也很理想。

# 十、癭木

## Burl Wood

**學名** 癭木即產生美麗花紋的不同樹種之包節或有用之樹幹，並不單指某一樹種，故無統一的學名。

**別稱** 中文：癭、癭子、樹瘤、影木、贅木、櫻子、櫻子木
英文：Burl wood

**科屬** 應根據癭木源於哪一個樹種來劃分其科屬，如楠木癭，則為樟科潤楠屬、楨楠屬；榆癭，則為榆科、榆屬。

**產地** 分佈全球，尤以熱帶或亞熱帶的樹木所生癭體量大、花紋美，如著名的花梨癭、楠木癭。比較而言，溫帶或寒冷地區的樹木生癭較少，體量也小。

**釋名** "癭"原指人頸部的囊狀瘤。癭木，又名影木、贅木，指樹木在正常生長過程中遇到真菌、病蟲害的作用而產生的包節，其花紋因樹種的不同、所產生的部位不同而多變。《辭源》稱"癭木"為"楠樹樹根"是不全面的。楠樹樹根如不結癭，則極少有美麗的癭紋。除泛指活樹包外，也有人將樹根部或接近根部之癭稱為癭木；而生長於樹幹之上的癭，因日光照射而於地面生影，則被形象地稱為"影木"。《南越筆記》（又名《粵東筆記》，係清代李調元在《廣東新語》基礎上所輯）在論及沉香的種類時稱："……其十三曰鐵皮速，外油黑而內白木。其樹甚大，香結在皮不在肉，故曰鐵皮。此則速香之族。又有野豬箭，亦曰香箭。有香角、香片、香影。香影者，鋸開如影木然。""贅"本多餘之意。《丸經•權輿》："贅木為丸，乃堅乃久。""贅木者，癭木也，癭木堅牢，故可久而不壞。"

除木生癭外，竹也生癭。《太平廣記》卷第四一二引《酉陽雜俎》稱："東洛勝境有三溪，張文規有莊近溪，忽有竹一竿生癭，大如李。"

櫻子，應為"癭子"之別稱。雍正元年，內務府造辦處之雕鑾作（附鏇作）檔案記載："二十二日怡親王諭：做櫻子木痰盒兩件。遵此。於二十五日做得。"

① 【金澤槭瘿】日本金澤市的兼六園為日本三大名園（岡山後樂園、水戶偕樂園）之首，建於 1676 年。園名源於宋代李格非《洛陽名園記》之"宏大、幽邃、人力、蒼古、水泉、眺望"這六大名園要素，故名"兼六園"。園內樹木以梅、松、楓、櫻最為誘人，"一遊染禪意，再遊煩塵不落心。"

② 【檳榔嶼瘿】馬來西亞檳城（Penang），又名檳榔嶼，是位於馬來西亞西北部的一個小島，西部隔馬六甲海峽與印尼蘇門答臘島相對，1786 年被英國殖民政府開發為遠東貿易樞紐。這裏地處熱帶，植物種類繁多，樹木高大挺拔，尤喜生瘿，是國際瘿木市場的重要來源地。

③ 【東京半纏木瘿】日本東京國立博物館於明治十四年（1881年）種植的原產於北美的鬱金香樹（Tulin Tree），日本稱之為"半纏木"。其瘿應為活節斷滅後所形成。

④ 【滎經楨楠瘿】四川雅安滎經縣雲峰寺所植楨楠，樹齡長者早於西晉，歷代遍植，處處生香，每樹佈瘿，乃為奇跡。

# 癭紋的成因

## （1）樹瘤與樹節

癭紋，即樹瘤或樹節所產生的自然紋理。樹瘤係因生理或病理的作用使樹幹局部膨大，呈現不同形狀和大小的鼓包。不是所有的樹瘤均產生美麗的花紋，有的可能與亂紋同時存在，或沒有任何花紋，如楠木、花梨；有的則花紋奇致，如黃花黎、紫檀、老紅木、楓木等。

樹節也稱"節子"，指包含在樹幹或主枝木材中的枝條部分，一般分為活節與死節，其形成方式、狀態直接影響癭紋的形成。活節由樹木活枝條形成，採伐樹幹時枝條仍有生命，節子與周圍木材緊密相連，構造正常；死節由樹木枯死枝條形成，節子與周圍木材大部或全部脫離，在鋸解後的板材中有時脫落而形成空洞。活節的紋理清晰，顏色一般較周圍木材深，故形成明顯而獨特的花紋或圖案。

樹節又可分為散生節、群生節、岔節三種。散生節即在樹幹上單個散生而互不相連、毫無秩序與規律，如黃花黎、榆木；群生節即兩個或兩個以上的節子簇生而連成片，如花梨、樺木；岔節指分岔的梢頭與主幹縱軸線成銳角而形成的節子，在圓材、鋸材或單板中，呈橢圓形或長帶狀圖案。這一現象在闊葉樹中常有發生。

因樹種、部位不同，節紋的形狀和顏色千差萬別。並非每一個節紋都可用於家具或器物的製作，比如用於製作棋具的香榧木不能有任何節紋，而松木、杉木節紋多用於牆面、地面裝飾。死節常有空洞、腐朽，雖不堪用，但在根雕、木雕或家具製作的藝術實踐中，死節及其形成的花紋又常被巧用而得到意想不到的審美效果。

⑤【越南黃化梨癭】癭色紫，油性住，尺寸大者長近 1 米，寬約 40-60 厘米，厚為 10-20 厘米，原產於越南與老撾交界之長山山脈東西兩側。

⑥【油松癭】潭柘寺位於北京西郊潭柘山麓，始建於西晉永嘉元年（307 年）。寺內外的銀杏、油松、白皮松、古槐、柘樹、七葉樹、玉蘭、丁香、海棠、側柏、龍柏、柿樹，少者幾百年，長者上千年。當中除植於遼代，後由乾隆皇帝賜名的銀杏樹——"帝王樹"、"配王樹"外，最為出名的便為油松，多高聳虯曲，包節圓滿，樹皮色如胭脂，斑駁蒼古。晚清"末代翰林"許承堯《詰老樹》詩曰："老樹千年無一語，看人衣冠變黃土。"

⑦【槐癭】槐癭多為花卉、動物或其他自然紋理，生動而具天趣。《太平廣記》記載："槐有癭，形如二豬，相趨奔走。"（承德避暑山莊）

⑧【柏癭】北京鳳凰嶺龍泉寺檜柏主幹無一不佈滿包節，活節、死節均有，死節居多且有空洞，癭紋與外部主幹之紋吻合，如人工印扣，不着痕跡。

⑨【樹根包塔】柬埔寨吳哥窟的奇景之一便是巨木包裹殘垣斷壁，樹之主幹與樹根癭包相連，無一形似，無一不奇。

## (2) 樹根

很多樹根可能產生類似癭紋的美麗花紋，但二者有本質區別。癭紋一般細密、均勻、有序，或如鬼臉紋單個存在；樹根所產生的紋理與主根及旁根的大小、走向是一致的，常見紋理分散，且顏色深淺不一，很少急轉迴旋。一般來說，欅木、紅豆杉、黃花黎、老紅木、樟木、楠木、黃連木等樹根紋理自然延伸、變幻無窮，是製作家具和其他藝術品的最珍貴原料。

## (3) 主幹全癭

整棵樹的主幹全部生癭，多出現於野荔枝樹、龍眼樹、楠木、棗木、楓木、花梨、木莢豆、紅豆杉、樟木、酸枝等樹種。出現這種情況的原因，有學者認為是"活着的樹木內部受傷後，集結了大量的休眠芽使樹木產生了扭轉紋。"

## (4) 假癭紋

楠木的虎皮紋、葡萄紋、水波紋，斑馬木的斑紋，大理石木的大理石紋，蛇紋木的蛇紋、豹斑紋等，不是生癭而致，但常被誤稱為癭紋。其實這些紋理常較癭紋更為自然流溢、無所拘束、大開大合、美不勝收。另外，節紋嚴格來講也不應納入癭紋之列。

總而言之，樹木的癭紋、節紋或其他花紋，種類既繁多，風格又迴異。評定圖案之優劣、等次之分別終於漸成生意習俗、風雅事業，究其根本，恐怕無非為偏好所限，或與利益相關。然而，自然生物，原重天趣，參差多態最幸福。

# 癭木分類

| | | |
|---|---|---|
| 按生長的<br>部位分 | 癭 | 生於根部為癭 |
| | 影 | 生於樹幹為影 |
| 按樹種分 | 楠木癭 | 《格古要論》記載："骰柏楠木出西蜀馬湖府，紋理縱橫不直，中有山水人物等花者價高，四川亦難得。又謂骰子柏楠，今俗云'鬥柏楠'。"古代所謂"骰柏楠、鬥柏楠、鬥斑楠、豆瓣楠"，其實均源於楠木主幹。楠癭最妙者為葡萄紋與水波紋，前者多出於四川、貴州，後者多源於福建、浙江。 |
| | 樟木癭 | 北齊劉書《劉子·因顯》謂"樟木癭"："夫樟木盤根鉤枝，癭節蠹皮，輪囷擁腫，則眾眼不顧。" |
| | 其他癭 | 比較著名的有：樺木癭、紅豆杉癭、榆木癭、山香果癭、花梨癭、木果緬茄癭、楓木癭（楓人、楓子鬼）、柏木癭、楊影、柳影、龍眼癭、荔枝癭、槐癭、雞翅癭。黃花黎、紫檀、老紅木也有癭，但極其稀少，其體量也小。 |
| 按地域分 | 南癭 | 南癭多楓，蟠屈秀特。 |
| | 北癭 | 北癭多榆，大而多。 |

| | | |
|---|---|---|
| 按紋理分 | 葡萄紋 | 如楠木，紋有"滿架葡萄"或"滿面葡萄"之稱，荔枝木癭也是如此。 |
| | 水波紋 | 閩浙所產楠木癭多有此紋 |
| | 山水紋 | 楠木、樟木、楓木。 |
| | 人物紋 | 黃花黎或東南亞花梨木 |
| | 文字紋 | 《太平廣記》"草木一"記載："齊永明九年，秣陵安時寺有古樹，伐以為薪，木理自然有'法天德'三字。"《舊唐書・五行志》記載"大曆十二年五月甲子，成都府人郭遠，因樵獲瑞木一莖，有文曰：'天下太平'四字。" |
| | 鳥獸紋 | 《太平廣記》"草木二"記載："華州三家店西北道邊，有槐甚大，蔥鬱周回，可蔭數畝。槐有癭，形如二豬，相趁奔走。其回顧口耳頭足，一如塑者。"再有同書"草木一"記載："鳳翔知客郭璩，其父曾主作坊，將解一木，其間疑有鐵石，鋸不可入。遂以新鋸，兼焚香祝之，其鋸乃行。及破，木文有二馬形，一黑一赤，相齧。其口鼻鬣尾、蹄腳筋骨，與生無異。" |
| | 花草紋 | 多見於比重較輕的木材，如楊、柳、槐等。 |
| 按紋理的疏密與走向分 | 佛頭 | 紋理有規律旋轉成細密清晰的弧圈狀，大小一致，紋理、顏色相似，分佈均勻似佛頭，如花梨癭、蛇紋木。 |
| | 散紋 | 弧圈狀花紋分佈疏密不均且夾雜其他紋理者。 |
| | 自然紋 | 不規則花紋，變化多而巧者為佳。其中有一種形似大理石紋，多用於現代家具或工藝品、室內裝飾。 |

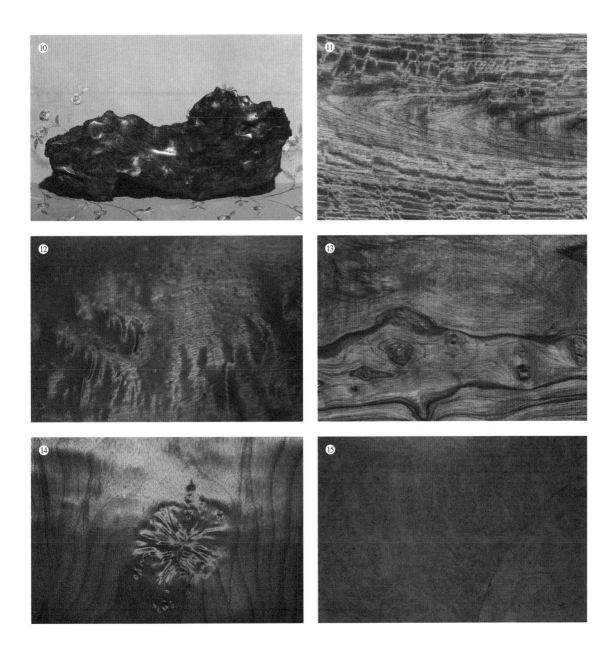

⑩【黃花黎自然紋】（標本與攝影：北京杜金星）

⑪【花梨假癭】花梨、柏木、柳杉、銀杏、緬茄及楠木，表面並無癭包，但心材切面紋美如畫，光澤之回反或色素之遊走，是最重要的成因。

⑫【楠木癭】此為楠木陰沉木，金光明亮、透徹，紫褐色明顯。（標本：北京梓慶山房標本室）

⑬【老紅木癭】老紅木，特別是生於石山者，多生小癭，有的稀疏，有的密集，其紋多為墨黑色，變幻無窮，並無常理。（標本：北京梓慶山房標本室）

⑭【楠木癭】四川綿陽的楠木陰沉木，外枯槁而膏潤，花紋奇變，紋如空谷幽蘭、花蕊初放，有化機之感，見自得之趣。（標本：福建泉州陳華平）

⑮【花梨癭】西方家具，特別是近現代美國家具，常用源於東南亞、南太平洋島國的花梨癭製作餐桌、咖啡桌、矮櫃、首飾盒等。（美國舊金山古董市場）

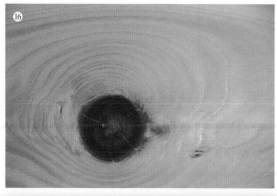

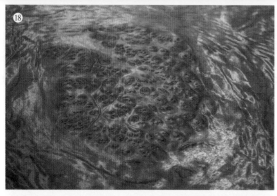

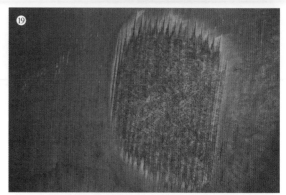

⑯【日本柳杉癭】柳杉側枝而生節，深紫褐色，正圓形，周圍小紅色紋理均係深色節疤擠壓、擴散而外延的結果。

⑰【日本柳杉癭】日本歌山縣境內柳杉連片，特別是山澗、寺廟周圍。柳杉節疤縱橫，由其所生之癭紋多水波紋及飛鳥、草木之圖案，日人常棄之於地，喜徑切直紋之板材。

⑱【"滿面葡萄"】楠木癭紋之至美者應為"滿面葡萄"，其紋源於樹木主幹之小癭的密集，其餘美紋緣於其光澤之自返而使人產生視覺上的差異。（標本：福建泉州陳華平）

⑲【花梨佛頭癭】原物尺寸為 233x160x12 厘米，小癭包密集均勻，切面紋如佛頭。如此大癭，多見於印度紫檀 (P.indicus)。

⑳【楠木佛頭癭】（標本：福建泉州陳華平）

㉑【楠木癭】癭紋凹凸起伏，底部紋如人面，與其本身光之折射有關。（標本：福建泉 陳華平）

㉒【楠木原木】新伐的貴州楠木，左側為根部即大頭，右側為小頭，實際上大小頭尺寸相近，中間細
小，且有溝槽，瘿包大而分佈不均勻。開鋸前首先除皮，從兩端觀察紋理走向，從紋理最長之一
側先開一片，再從垂直的一面開一片，比較紋理之優劣，然後決定下一步開鋸方法。從其幹形來
看，應盡為美紋。（北京南苑京都酒廠）

㉓【花梨全瘿】花梨原木全身佈瘿，長 12 米，小頭直徑 80 厘米。（資料提供：中國林業國際合作集
團公司仰光貯木場）

㉔【黃蘭瘦】黃蘭（Michella champaca），又名黃心楠，產於緬甸，周身生瘦，鋸切方法應以瘦包密集的一面開第一鋸，或從與其垂直的一面再開一鋸，加以觀察、比較。黃蘭瘦紋之美者，色澤或紋理與楠木極為近似，易混淆。（雲南省騰沖縣滇灘邊貿貨場）

㉕【黃蘭根】此根長處約 3 米左右，盤互有形，氣韻貫通，絕無阻礙，稍加梳理，便為美器，正如唐代詩人李白《詠山樽》所云：“蟠木不雕飾，且將斤斧疏。樽成山嶽勢，材是棟樑餘。”如過多的人工雕飾，留意於物，有違本心。（雲南省騰沖縣滇灘邊貿貨場）

㉖【烏桕癭】烏桕（Sapium sebiferum）主產於長江流域，其主幹常癭包纏身，也用於家具的製作。
烏桕癭應從扁平處開鋸，或避開溝槽與溝槽平行開鋸，可以得到花紋理想的、尺寸較寬的板面。
（廣西博物館院內）

㉗【木蓮癭】木蓮（Manglietia fordiana），俗稱黑心木蓮，癭多而大。此癭中間死穴，四周分裂，可
能係由真菌感染而生癭，從斷面看，如並無奇妙之紋，則可採用徑切或其他鋸切方法，也可用於
工藝品製作。（雲南騰沖縣滇灘邊貿貨場）

㉘【樟木癭】樟木全身彎曲而生大包，小頭直徑超過 1 米，長度約 9 米。樟木癭紋粗糙而散漫，千篇
一律，缺少變化與生意，是其致命之處。故文人家具或名貴家具極少採用樟木、樟木癭。（南寧）

㉙【林芝癭】西藏林芝林區野生樹木之癭，大而散，鮮有美紋，多為裝飾或工藝品。（攝影：崔憶）

# 木材應用

## （1）主要用途

**家具：**唐人皮日休有詩云：“癭牀空默坐，清景不知斜。”唐人張籍也有“醉倚斑藤杖，閒眠癭木牀”之句。癭木常用於椅子靠背中部、案心板、桌面心、櫃門心、官皮箱、首飾盒等。中國古代家具中所用癭木較多的為楠木癭、花梨癭、樺木癭。也有全用癭木做桌、椅、小櫃子或牀的，但在現存的古代家具中很少見到，新製全癭木家具（如山香果癭、油杉癭）則較多見。

**文具：**明代文震亨《長物志》卷七“器具”記載：“文具雖時尚，然出古名匠手，亦有絕佳者。以豆瓣楠、癭木及赤水欏為雅，他如紫檀、花梨等木皆俗。”

**梳具：**《長物志》記載：“梳具，以癭木為之，或日本所製，其纏絲、竹絲、螺鈿、雕漆、紫檀等俱不可用。”

**酒樽：**南宋陸游詩日：“竹根斷作眠雲枕，木癭劚成貯酒樽。”明代陳繼儒在《小窗幽記》中描述人生如意事謂：“空山聽雨，是人生如意事。聽雨必於空山破寺中，寒雨圍爐，可以燒敗葉，烹鮮筍。”“鳥啼花落，欣然有會於心，遣小奴，挈癭樽，酤白酒，釃一梨花瓷盞。急取詩卷，快讀一過以嗛之。蕭然不知其在塵埃間也。”

**衣飾：**《長物志》記載：“冠：鐵冠最古，犀玉、琥珀次之，沉香、葫蘆者又次之，竹籜癭木者最下。製惟偃月、高士二式，餘非所宜。”《廣東新語》則稱：“廣多木癭，以荔枝癭為上。多作旋螺紋，大小數十，微細如絲。友人陳恂玘得其一以作偃月冠，大僅寸許，有九螺。銘之日：‘文全於曲，道成於木’。”

**酒瓢、癭杯：**《新唐書·武攸緒傳》記載：“盤桓龍門、少室間，冬蔽茅椒，夏居石室，所賜金銀鐺鬲、野服，王公所遺鹿裘、素障、癭杯，塵皆流積，不御也。”《廣東新語》編著者，清初學者屈大鈞亦得一癭“以作瓢而有曲柄，字之日：‘篔友’。為詩云：‘拳曲千

㉚【根藝】(收藏：北京　張皓)
㉛【明・黃花黎鬼臉紋筆筒】(收藏：北京　劉俐君　攝影：韓振)

年成一節，半生半死沉香結。'又云：'霜皮未盡尚磨礱，蟯蠐半食心已空。螺紋如絲旋細細，左紐右纏文不同。'"

## （2）癭紋的等級

一般以佛頭紋為上，散紋次之，自然紋再次之。如楠木之葡萄紋、水波紋，黃花黎之鬼臉紋，花梨之鹿斑紋皆為佳品。另，癭紋也以奇異生動、變幻無窮者為上選。紋亂或模糊不清、多處空白無紋者不可取。

## （3）癭木的組合搭配

癭木應與其他無紋或少紋的硬木配合成器，不宜單獨製成家具如椅、櫃、案等，滿眼皆花則失於趣。

用於鑲嵌或家具製作的癭木，與其所配木材的顏色不宜相近或雷同，而應色差分明。如楠木癭一般配紫檀、烏木；紫檀方桌之面心板多為楠木或楠木癭；烏木書架隔板多用黃花黎或楠木癭、花梨癭、樺木癭。

櫃門心、官皮箱及成對的座椅，其癭紋應一致或近似，成堂的座椅背板所鑲嵌的癭紋可一致，也可選取特徵獨特、花紋相異者。

## （4）癭木的開鋸

癭木的開鋸最為困難，因為一要判斷花紋的走向，二要保持花紋的完整性。一塊已經鋸開的癭木或癭木板，與已打開的翡翠一樣毫無懸念，如果附在原木上的癭木或楠木原木（往往無癭而生癭紋）則如翡翠的賭石一樣讓人迷茫、生畏。並不是所有的癭木都會產生理想的癭紋，有些樹瘤局部有癭紋，有的雖有而平淡無奇或沒有癭紋，如櫸木、花梨木；有的木材如楠木、印度紫檀，樹幹並無樹瘤或其他包節，但開鋸後卻波瀾壯闊，紋理奇異。故開鋸前，對癭木花紋的判斷極為重要，除了依靠經驗外，還有兩種方法：一是從原木表面開一薄片以接近心材，一是從原木中間開鋸，這樣就可看出是否存在理想的癭紋。中間開鋸有可能破壞癭紋的完整性，採用這一方法應慎之又慎。為保持癭紋的完整性，不管何種癭木，如果能看到樹瘤，則應與其平行開鋸，不能從樹瘤中間開鋸。滿身樹瘤者，一般採用弦切法，絕不能採用徑切法，避免使癭紋分散、零碎而破壞其天然的連續性、完整性。

㉜【天然癭几】(資料提供：中國嘉德國際拍賣公司 嘉德四季第49期拍賣會)

## (5) 癭木的乾燥與打磨

癭木的乾燥與打磨十分不易，易變形，易隨紋開裂。癭木因其紋理並無規律可尋，故人工乾燥極易隨紋而裂，也容易發生翹曲、變形，可以採用室內自然乾燥，但其堆碼捆紮、壓重必須因癭木之樹種不同而採取不同的方法。

硬木癭堆碼時一般每塊之間採用規格約 2 厘米見方的隔條，使其通風順暢、均勻乾燥，不須採用其他特殊方法。楠木癭、樟木癭、山香果癭、油杉癭等比重相對較小者容易變形、開裂，在開鋸之前便應在其表面刷透明膠或硬漆，兩端則塗蠟、刷膠或漆。鋸成規格料後用鐵帶或鐵絲將其兩端固定，整垛也應固定。垛之頂部用條石或其他較重的木材重壓以防止變形、開裂。

比重輕的癭木易起毛刺而難以打磨，應以水磨為主。硬木癭可採用燙蠟（天然蠟或天然混合蠟）或擦大漆的方法，而比重較輕的癭木表面主要以擦大漆為佳，不適宜燙蠟。

## (6) 木果緬茄（Afzelia xylocarpa）

近十年來，源於老撾（緬甸也有分佈）的一種木材引起業界重視，其學名為木果緬茄（Afzelia xylocarpa），老撾本地則稱之為"Makharmong"、"Makhaluang"，在雲南、廣西及東南亞均稱之為老撾紅木、紅花梨。其顏色、紋理與花梨木神似，其癭木紋理、圖案與花梨木難以分辨。仰光、曼谷、新加坡、老撾及我國雲南邊境、廣西邊境的所謂"花梨木樹瘤"及工藝品多數為木果緬茄，而不是花梨木。

木果緬茄的氣乾密度為 $0.82g/cm^3$，與花梨木近似，其癭所生花紋圖案與花梨木癭幾乎一致，加工與乾燥方法也與花梨木一致。故可稱之為花梨木的替代品，用於製作硬木家具也是上佳之選擇。

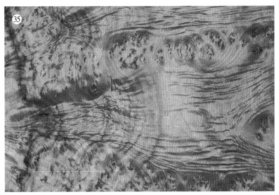

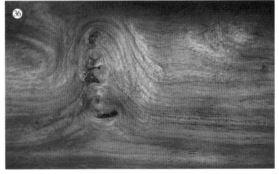

㉝【癭木衣櫃】此櫃為馬來西亞檳城娘惹博物館藏品，櫃面採用癭木（可能為假癭），當地人稱此造型是中國方角櫃的改良，受廣東、福建家具文化的影響尤其深厚。原籍福建、廣東潮汕地區的華人自漢唐開始移居今印尼、新加坡、馬來西亞，華人與馬來族或其他土著結婚，所生子女稱"峇峇娘惹"（baba nyonya），男性為 Baba（峇峇），女性為 Nyonya（娘惹）。其文化融合了中國傳統文化與當地本土文化，但中國文化的特徵更為明顯。檳城娘惹博物館是展示華人歷史文化的一個重要場所，藏有近三百年來的家具及日常用品、服飾、工藝品等。

㉞【娘惹癭木衣櫃之癭紋】

㉟、㊱【木果緬茄癭】（標本：老撾琅勃拉邦芒南縣 Boun My 先生）

# 十一、榆木

## Elm

**學名**　**中文：**白榆（家具用材以白榆為主）

　　　　**拉丁文：**Ulmus pumila L

**別稱**　**中文：**榆樹、榆木、家榆、枌、枌榆、白枌、零榆

　　　　**英文：**Elm, Dwarf elm, Siberian elm.

**科屬**　榆科（ULMACEAE）　榆屬（Ulmus L.）

**產地**　**原產地：**榆屬植物在中國有 25 種，幾乎遍佈全國各地。中國華北、東北、西北，四川、江蘇、浙江、江西、廣東，以及朝鮮、日本、俄羅斯西伯利亞均有分佈。河北豐寧縣鄧柵子林場有一片天然純林，塞罕壩也有不少團狀天然林分佈。

　　　　**引種地：**白榆是榆木中引種最廣的樹種，各地均有人工種植。

**釋名**　有關榆木之名稱、種類極為繁複，在此僅將其幾種主要的名稱排列出來，逐一分析。

　　　　《本草綱目》引北宋王安石《字說》稱："榆瀋俞柔，故謂之榆。其枌則有分之之道，故謂之枌。其莢飄零，故曰零榆。"《爾雅·釋木》云："榆，白枌。郭璞註：枌榆先生葉，卻著莢，皮色白。疏：榆之皮色白為枌。"《詩經·陳風·東門之枌》："東門之枌，宛丘之栩。子仲之子，婆娑其下。"

　　　　《詩經》中有關榆樹的描寫較多，如《唐風·山有樞》："山有樞，隰有榆。"樞即刺榆。三國陸璣疏曰："樞，其針刺如柘，其葉如榆。瀹為茹，美滑於白榆之類。有十種，葉皆相似，皮及木理異矣。"《秦風·晨風》："山有苞櫟，隰有六駁。"陸璣《毛詩草木鳥獸蟲魚疏》曰："駁馬，梓榆也。其樹皮青白駁犖，遙視似駁馬，故謂之駁馬。"何謂"駁"？駁通駁，《爾雅》曰："駁如馬，倨牙，食虎豹。"《山海經》曰："中曲之山，有獸焉，其狀如馬而白身黑尾，一角，虎牙爪，音如鼓，其名曰駁，是食豹，可以禦兵。"

　　　　何謂"梓榆"？清代植物學家吳其濬在《植物名實圖考長編》中稱："《夢溪補筆談》：梓榆，南人謂之朴，齊魯間人謂之駁馬，駁馬即梓榆也。南人謂之朴，朴亦言駁也，但聲之訛耳。《詩》：隰有六駁是也。陸璣《毛詩疏》：檀木，皮似繫迷又似駁馬……蓋三木相似也。今梓榆皮似檀，以其斑駁似馬之駁者，今解《詩》用《爾雅》之說，以為獸鋸牙、食虎豹，恐非也。獸、動物豈常止於隰者，又與苞櫟、苞棣、樹檖非類，直是當時梓榆耳。"從這段文字來看，梓榆即榆科朴屬（Celtis L.）之樹種。據《河北樹木志》記載，朴屬，中國產 21 種，廣佈於各地。河北產 3 種，即小葉朴（Celtis bungeana）、黃果朴（Celtis labils）、大葉朴（Celtis koraiensis）。

故《詩經》中之"枌""樞""六駁"均為榆科，"枌"為榆屬，"樞"為刺榆屬，"六駁"則隸朴屬，三者同科不同屬，因此，不能將刺榆、梓榆歸入榆木類。那麼，何謂"紫榆"呢？屈大均在《廣東新語》中指出"紫檀一名紫榆，來自番舶。"清人江藩《舟車聞見錄》則稱："紫榆來自海舶，似紫檀，無蟹爪紋。刓之其臭如醋，故一名'酸枝'。"道光年間的高靜亨在《正音撮要》裏說："紫榆即孫枝"。

從江藩、高靜亨的描述來看，紫榆並非紫檀，而是今"老紅木"或"酸枝木"，歷史上廣東人稱豆科黃檀屬有酸味的木材為"酸枝"或"孫枝"。另據徐珂所著《清稗類鈔》記載："紫榆有赤、白二種，白者別名枌，赤者與紫檀相似，出廣東，性堅，新者色紅，舊者色紫。今紫檀不易得，木器皆用紫榆。新者以水濕浸之，色能染物。"在古舊家具行也有人認為"紫榆為淺褐色或紫褐色的榆木"，紫榆家具多見於河南洛陽一帶。此外，也有說紫榆即桃葉榆（Ulmus prunifolia），老者之心材多為暗紫褐色，主產於山西。

① 【榆葉】榆葉呈橢圓狀卵形、長卵形、橢圓狀披針形或卵狀披針形，長 2-8 厘米，寬 1.2-3.5 厘米，邊緣具重鋸齒或單鋸齒。可以食用，亦可入藥。（俄羅斯哈巴羅夫斯克）

② 【樹冠】榆樹樹冠多呈傘狀，枝條下垂，隨風飛揚，榆花滿地。榆樹多植於屋後，或作行道樹，或植於河畔。榆花從春初生，可與秋氣相連，故有"榆錢落盡槿花稀"之說。宋人陳與義從開封乘船沿惠濟河東行至 150 里開外的襄邑，見惠濟河百里榆堤，落英繽紛，遂詩興大發，賦得《襄邑道中》："飛花兩岸照船紅，百里榆堤半日風。臥看滿天雲不動，不知雲與我俱東。"

③【雨後榆錢】榆錢即榆樹的種子，亦稱榆莢，外形圓薄，中間隆起如古錢，故名。榆錢飄落，春意將逝，清人王運鵬《點絳唇·餞春》便有"拋盡榆錢，依然難買春光駐"之句。榆錢或稱榆花，從江南至西北、東北，於四月至七月次第開放，遇風遇雨則滿地榆錢，唐代施肩吾《戲詠榆莢》："風吹榆錢落如雨，繞林繞屋來不住。知爾不堪還酒家，漫教夷甫無行處。"

④【敦煌榆】敦煌研究院院內古榆樹。1944 年 2 月，當時的國民政府於甘肅敦煌成立"國立敦煌藝術研究所"，首任所長為常書鴻先生。1950 年改組為"敦煌文物研究所"，1984 年擴建為"敦煌研究院"，成為敦煌學之學術重鎮。《常書鴻日記手稿》稱"院中有兩棵栽於清代的老榆樹，院中正房是工作室，北面是辦公室和儲藏室，南面是會議室和我的辦公室。"由此可知古榆生於清代，先有榆，後有研究所。

⑤【廣武榆】山西省朔州市山陰縣舊廣武古城始建於遼，為歷史上漢民族與北方少數民族戰事頻發之地。在古城牆上孤榆獨立，迎風而生，自成風景，已近六月，仍樹葉稀疏，不見花開。《藝文類聚》引《莊子》曰："鵲上高城之垝，而巢於高榆之巔，城壞巢折，凌風而起。故君子之居世也，得時則蟻行，失時則鵲起。"（攝影：山西 吳體剛）

# 木材特徵

邊　　材：　淺黃褐色或灰白色

心　　材：　淺栗褐色、淺杏黃色，也有的呈暗肉紅色或醬褐色。河北、山西產白榆新切材心材金黃者多，特別是舊材之新切面。主要與生長環境有很大關係，容易感染變色菌。

生 長 輪：　十分清晰，寬窄不均勻。早材至晚材急變，輪間呈深色晚材帶。

氣　　味：　無特殊氣味

花　　紋：　榆屬木材的花紋均十分近似，與櫸屬木材也很相似，徑切面直紋較多，細長而寬窄不一的紋理整體呈長波形有序扭曲，但波動幅度不大。弦切面有時呈峰紋，多有不規則的美麗花紋。年代久遠之舊家具，生長輪之間會形成溝壑狀條紋，且十分明顯，當然並不排除人工後天作為，以凸顯其古樸滄桑。

氣乾密度：　0.630g/cm³

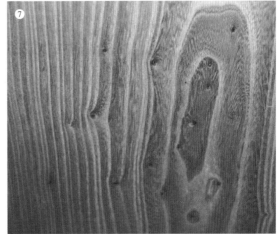

⑥【舊房料】榆木舊房料色澤沉穩，淺黃透褐，凡遇瘦，紋理即變，曲折有序，其紋如櫸。（標本：北京梓慶山房標本室）

⑦【新切面】材色淺褐、乾淨，紋理色白，遇節隆起。（標本：北京梓慶山房標本室）

榆木約 25 種，我們將幾種主要用材之特徵列表如下：

| 中文學名 | 代表產區 | 主要特徵 |
| --- | --- | --- |
| 川榆 | 雲南 四川 | 邊材淺褐色，心材黃褐或金黃色至淺栗褐色，木材有光澤，生長輪明顯。在弦切面上呈有序的拋物線花紋；在徑切面上花紋、色澤也十分亮麗。材面光滑細膩。氣乾密度 0.580g/cm$^3$ |
| 春榆 | 東北 | 邊材淺黃褐色，心材淺栗褐色，花紋清晰而多變，邊材易感染變色菌，可侵入心材而形成"大理石狀腐朽"，有明顯的棕黑色細線將腐朽與健康材分割，呈現不規則的大理石花紋。氣乾密度 0.581g/cm$^3$ |
| 白榆 | 河北 山西 | 邊材淺黃褐色，與心材區別略明顯，易感染變色菌，產生"大理石狀花紋"。心材淺栗褐色或醬褐色，光澤強，手感好，花紋呈峰紋者多。氣乾密度 0.630g/cm$^3$ |
| 大果榆 | 山西 河北 東北 | 邊材淺黃色，心材黃褐色或金黃色，生長輪清晰，紋理線條彎曲自如，呈淺棕色，光澤好。氣乾密度 0.661g/cm$^3$ |
| 榔榆 | 山西 河北 | 邊材淺灰白色，心材淺黃或金黃色，有些呈紅褐或暗紅褐色，淺棕色紋理佈滿弦切面，加工後極易與欅屬（Zelkova）木材相混，生長輪在弦面上呈美麗的拋物線花紋，但不如春榆、白榆。氣乾密度 0.898g/cm$^3$，是榆屬木材中比重最大的。 |

⑧【寶塔紋】清早期榆木書桌之寶塔紋，亦稱峰紋，是古董行識別榆木的標誌之一。

⑨【朽榆】榆樹於自然生長過程中受蟲害及真菌感染極易局部腐朽或形成空洞。東漢桓譚著《新論》曰："劉子駿信方士虛言，謂神仙可學，嘗問言：'人誠能抑嗜慾，閉耳目，可不衰竭乎？'余見其庭下有大榆樹，久老剝折，指謂曰：'彼樹無情慾可忍，無耳目可閉，然猶枯槁朽蠹。人雖欲養，何能使不衰？'"

# 木材分類

## (1) 按《詩經》記載

粉（白榆，榆科榆屬）、樞（刺榆，榆科刺榆屬）、六駁（梓榆，榆科朴屬），三個樹種同科但不同屬，心材特徵有類似之處。

## (2) 按《本草綱目》記載

莢榆、白榆、刺榆、梛榆

## (3) 按榆木心材顏色及花紋

白榆、赤榆、黃榆、花榆（有明顯美麗花紋者）

## (4)《中國樹木分類學》

| 學名 | 別稱 |
| --- | --- |
| 白榆（Ulmus pumila） | 鑽天榆、錢榆、榆樹 |
| 青榆（Ulmus laciniate） | 大青榆、大葉榆、裂葉榆、山榆 |
| 興山榆（Ulmus bergmanniana） | |
| 春榆（Ulmus japonica） | 柳榆、山榆、楢樹、爛皮榆、流涕榆 |
| 毛榆（Ulmus wilsonlana） | 柳榆、榆葉椵 |
| 黑榆（Ulmus davidlana） | 山毛榆 |
| 黃榆（Ulmus macrocarpa） | 山榆、迸榆、扁榆、毛榆、柳榆、大果榆 |
| 滇榆（Ulmus lanceaefolia） | |
| 美國榆（Ulmus americana） | 原產美國，南京有栽培 |
| 梛榆（Ulmus parviflora） | 橋皮榆、枸絲榆、秋榆、掉皮榆、豹皮榆、脫皮榆、鐵樹、紅雞油 |

## (5)《河北樹木志》

| 學名 | 別稱 |
| --- | --- |
| 歐洲白榆（Ulmus laevis） | 大葉榆 |
| 裂葉榆（Ulmus laciniata） | 青榆 |
| 白榆（Ulmus pumila） | 榆樹、家榆 |
| 旱榆（Ulmus glaucescens） | 灰榆 |
| 脫皮榆（Ulmus lamellosa） | 金絲暴榆 |
| 黃榆（Ulmus macrocarpa） | 大果榆 |
| 黑榆（Ulmus davidiana） | |
| 榔榆（Ulmus parvifolia） | 小葉榆 |

　　中國各地均有不同種類的榆木，如四川、雲南所產川榆（Ulmus bergmanniana，又稱興山榆）、滇榆（Ulmus lanceaefoli，又稱越南榆、紅榔木樹、懶木棟、常綠榆、常綠滇榆、披針葉榆）均是西南地區著名的家具用材，心材近黃，花紋清晰、美麗，色澤鮮亮，材質超過北方的白榆。東北的榆木主要有春榆（Ulmus davidiana var.japonica，又稱白皮榆、白杆榆、小葉榆）、裂葉榆（Ulmus laciniata）、白榆（Ulmus pumila）。在榆木家具的故鄉山西，則主要以大果榆（Ulmus macrocarpa），桃葉榆（Ulmus prunifolia、又稱李葉榆，心材暗紫褐色）、白榆（Ulmus pumila）居多。湖南、湖北喜用榔榆（Ulmus parvifolia）。

　　榔榆分佈縱橫南北，稱謂不一，在湖南華容一帶有薄樹、薄枝子樹、榔樹之稱；福建、安徽稱鐵枝仔樹、鐵樹、榆樹；揚州稱翹皮榆；河南稱掉皮榆；山東稱豹皮榆、脫皮榆；其餘地區又有紅雞油、雞公椆、蚊子樹、榆皮、秋榆之稱。由於其氣乾密度達 $0.898g/cm^3$，故一般用於油榨坊、車輪、建築橋樑等的承重部位。

榔榆樹皮內側絮狀物發達，黏液豐富。1950 年代末，農村因饑荒多食榔樹皮。

　　榔榆原木與櫸樹屬木材難辨，其心材與櫸木也易混淆。比較而言，櫸樹屬木材樹皮可整塊撕裂、折斷，而榔榆皮因富黏液、絮狀物多爾不易撕裂、折斷。《中國樹木分類學》稱榔榆"多係天然野生，若秦嶺以北各地，則有係人工栽培者。材質以堅硬著稱，用為車輛、油榨及船櫓等最為合宜；根皮為製造線香重要成分。本樹種皮斑駁，小枝短細紛出，葉在本屬中為最小，秋開花而隔月實熟，易於識別。"

⑩【清早期・紫榆方桌側面局部】紫褐之色澤，斑駁之漆皮，是數百年時間浸染摩挲的必然。（收藏：
　　河北威縣　德義軒　耿新超）

⑪【清早期・紫榆方桌桌腿局部】（收藏：河北威縣　德義軒　耿新超）

⑫【清早期・榆木南官帽椅靠背板】(收藏:天津 馬可樂)

⑬【清早期・榆木酒桌桌腿局部】此桌為河南洛陽製作,洛陽及其周邊區域為紫榆及紫榆家具的重要生產地區。桌腿承重,製材時應徑切直紋,才能起到承重的功能而不至彎曲、開裂或損毀,但此桌腿弦切斷紋,沿年輪碎裂,是製器之大忌。(收藏:耿新超)

⑭【清早期・榆木酒桌桌面心】榆木紋理細密,溝槽已現。(收藏:耿新超)

⑮【鸂鶒榆】此標本為舊房料所開,具成片的雞翅紋,故亦稱之為"鸂鶒榆"。(標本:北京韓永)

⑯【榆癭】榆樹生癭,成片連串者稀少,似自然散紋者居多。

# 木材應用

## (1) 主要用途

**家具**：榆木家具主產於山西、陝西、河北、河南、山東、北京等地，尤以山西、河北為甚，且幾乎涵蓋家具所有的種類與形式。其制式高古、素樸，是中國古代家具中歷史最悠久的一個種類，是研究中國古典家具的活化石。

**建築**：北方多用於建築物的柱、樑或門、窗、槅扇等。

**造船**：明清時期有不少用榆木造船的記錄，如四百料戰船、一千料海船之舵杆便用榆木；平底淺船、遮洋海船之草鞋底也用榆木。

**藥用與食用**：白皮、葉、花、莢仁、榆耳均可入藥，能安神，除邪氣，利尿及治療其他疾病。白榆先生葉，著莢，皮白色，二月剝皮，刮除粗皮，中極滑白，取皮為粉，可以食用。《本草綱目》記載："三月採榆錢可作羹，亦可收至冬釀酒。瀹過曬乾可為醬，即榆仁醬也。……山榆之莢名蕪荑，與此相近，但味稍苦耳。……今人採其白皮為榆麵，水調和香劑，黏滑勝於膠漆。"故歐陽修有"杯盤錫粥春風冷，池館榆錢夜雨新"之佳句。

關於榆樹的作用，還有許多。例如：古代北方邊塞密植榆樹為要塞，稱"榆塞"。即《漢書》所謂"累石為城、樹榆為塞。"駱賓王詩所云："邊烽警榆塞，俠客度桑乾。"《藝文類聚》轉引《韓詩外傳》記載的"螳螂捕蟬"的故事，也與榆樹有關，"楚莊王將伐晉，敢諫者死。孫叔敖進諫王曰：'臣園中有榆，榆上有蟬，蟬方奮翼悲鳴，飲清露，不知螳螂之在後也。'"元末陶宗儀著《夢書》稱："榆為人君，德至仁也。夢採榆葉，受賜恩也。夢居樹上，得貴官也。"應是以榆解夢了。

## (2) 榆木的兩大缺陷

其一，在生長時期或伐後，樹幹或原木均易開裂。裂紋以近根部為多，離根部 1 米左右的主幹內，幹基凹凸波及夾皮而形成各種交錯的裂紋，別稱"大花臉"，裂紋有時自始至終。其開裂的程度與腐朽程度、立地條件、伐後堆放條件均有關係。一般而言，榆木的採伐須在寒冷的冬天，不然極易生蟲腐朽。

其二，在樹木生長期間，主幹易產生瓜子形腐朽，減低木材的韌性，使木材變粗糙、變脆。榆木伐後製成原木，在堆放期間易受彩絨菌感染，出現大理石狀腐朽，由表及裏，使發生腐朽部分的木材顏色變淺、變脆。

基於上述問題，在加工利用榆木時要特別注意，鋸材時應與裂紋平行開鋸。另外，有的腐朽部分特徵並不明顯，不管新伐材還是舊房柁，首先要探明榆木的腐朽部分。腐朽部分不能用於建築、造船、家具的製作，應該予以剔除。

### (3) 乾燥與防腐

榆木新伐材含水率高，極不易自然排濕。一般新伐材應自然乾燥 1 年左右，再進行鋸解。新伐材在堆放過程中極易感染細菌腐朽，故榆木應保持完整的樹皮，兩端塗刷防護漆或乳膠，使其保濕，緩慢排出體內水分。當然，將新伐材進行防腐處理或薰蒸是最好的選擇。榆木老房柁材性穩定，所有缺陷均已暴露，鋸板後可以進行人工乾燥或天然乾燥，以保持其原有的穩定性。

### (4) 選料與配料

榆木原料充足，尺寸大者易得，製作家具應一木一器，顏色、紋理應追求一致。榆木因樹種不同，顏色、紋理也不一致，故配料的原則仍應堅持腿、邊料徑切成直紋，有花紋的榆木即花榆應做案心、門心。材色重者做腿邊，淺者為心。另外，除榔榆外，其他榆木的比重均較小，在設計家具時應特別注意這一點，尤其是承重部位。榆木家具的部件尺寸比一般家具的尺寸應肥厚一些，不象紫檀、烏木、黃花黎家具可以纖秀靈動，而榆木家具一般敦實、壯碩。

## （5）木材的搭配

　　榆木獨立成器者多，這也是榆木家具的另一個特色。在山西、河北等地，榆木也與柏木、桐木、楊木或柳木、槐木混用。榆木（特別是榔榆）與櫸木易混，故櫸木家具與榆木家具在器形與工藝方面相同的地方多。而櫸木家具與黃花黎家具的器形、工藝幾乎一致，因此也可以說，榆木家具也是黃花黎家具的先輩。這也是榆木家具值得驕傲之處。

⑰【清中期・榆木供案楊木抽屜臉】山西製作的古代家具，榆木多與楊木、柳木、柏木混用，楊木性軟而色淨，易於雕琢，是用於縧環板的上佳材料。（收藏：馬可樂）

⑱【清中期・山西製榆木朱漆描金衣櫃櫃門心】（收藏：馬可樂）

⑲【明‧榆木插肩榫平頭案】(收藏：雲南昆明 梁與山 梁與桐)
⑳【清中期‧山西榆木大炕桌】(收藏：雲南昆明 梁與山 梁與桐)

㉑【清早期・榆木南官帽椅】(收藏：雲南昆明 梁與山 梁與桐)

# 十二、黃楊木

## Boxwood

**學名** **中文：**黃楊

　　　**拉丁文：**Buxus spp.

**別稱** **中文：**豆瓣黃楊、千年矮、萬年青、番黃楊

　　　**英文：**Box, Boxwood

**科屬** 黃楊科（BUXACEAE） 黃楊屬（Buxus）

**產地** **原產地：**中歐及地中海沿岸、東南亞、南亞中美洲加勒比地區；我國主要
　　　產於長江以南各省，北方有極少分佈。

　　　**引種地：**作為用材林在熱帶、亞熱帶地區均有引種，作為園林及盆景則遍
　　　佈全球。

**釋名** 黃楊木色如骨黃、枝葉上揚，故謂之黃楊。又因其生長緩慢、樹形矮小，樹
　　　葉長年翠綠不謝，而有千年矮、萬年青之別稱。清代李漁在《閒情偶寄》裏
　　　稱黃楊為"君子之木"："黃楊每歲長一寸，不溢分毫，至閏年反縮一寸，是
　　　天限之木也。植此宜生憐憫之心。予新授一名曰'知命樹'。天不使高，強
　　　爭無益，故守困厄為當然。冬不改柯，夏不易葉，其素行原如是也。……蓮
　　　為花之君子，此樹當為木之君子。"

① 【網師黃楊枝葉】蘇州名園網師園始建於南宋淳熙年間（1174-1189年），為文人史正志的"萬卷堂"，其花圃名為"漁隱"。此園後毀，清代乾隆年間，宋宗元購入並重建為網師園。園中有兩棵黃楊，當地稱為"瓜子黃楊"，枝葉繁茂，樹幹粗壯，與老青山黃楊迥異，正契合元人華幼武《詠黃楊》所描述："咫尺黃楊樹，婆娑枝幹重。葉深團翡翠，根古踞虯龍。歲歷風霜久，時霑雨露濃。未應逢閏厄，堅質比寒松。"

② 【網師黃楊主幹】主幹皮薄如魚鱗開片，因土壤肥沃，雨水豐沛，陽光充足，生長較岩石山快，密度則不如後者。

③ 【老青山黃楊】孤立於雲南省昆明市西山區老青山峭壁上的黃楊。有研究者認為黃楊多生長於山峰之巔或接近於山頂的石縫之中，有些主幹直徑可達 10 厘米左右，樹齡約500-800 年，色黃而性脆。

④ 【老青山黃楊】老青山山頂呈灌木狀的黃楊，材質堅硬、枝葉漫散。北宋文學家李鷹有《黃楊林》詩曰："黃楊性堅貞，枝葉亦剛願。三十六旬久，增生但方寸。今何成修林，左右映煙蔓。良材豈一二，所期先愈趉。"

⑤ 【老青山黃楊】老青山黃楊，枝葉長年翠綠，樹皮灰白如魚鱗開裂，常與九死還魂草（Selaginella tamariscina）一起生長於山之陽坡石縫中（右上角棕褐色者即為乾旱時的還魂草，遇高溫及雨水則枝葉伸展呈翠綠色）。北宋文學家蘇軾《巫山》詩謂黃楊曰："窮探到峰背，采斫黃楊子。黃楊生石上，堅瘦紋如綺。"

# 木材特徵

邊　　材： 心材與邊材區別不明顯

心　　材： 新切面呈杏黃色，以純淨無雜色為上；另有一種間含雜色，
底色淺黃泛白，具有淺或深色惊紋。經過數十年或數百年的
氧化，黃楊木表面呈骨質感很強的褐色或古銅色。

生 長 輪： 不明顯

紋　　理： 部分國產黃楊幾乎不見紋理，有的紋理清晰，弦切面之紋理
各具特色。

油　　性： 油性強，有明顯的滑膩感，老者包漿明亮、乾淨；產於越南、
老撾的黃楊則木質疏鬆、油性差。

氣　　味： 新切面無特殊氣味，有時呈泥土之清新氣味。

氣乾密度： 國產黃楊的氣乾密度均接近於 1，如黃楊（Buxus microphylla
var.sinica.）的氣乾密度為 0.94g/cm³。

⑥、⑦、⑧、⑨【心材】（標本：北京梓慶山房）
⑩【心材】黑色斑點多與小死節、空洞及腐朽有關。（標本：北
　京梓慶山房）

# 木材分類

## (1)《中國樹木分類學》及《中國木材學》分類

| 名稱 | 產地 | 生長特點 |
| --- | --- | --- |
| 黃楊<br>（Buxus microphylla var.sinica） | 原種產於日本，現產於河南、山東等地。 | 木材淡黃色，老則為淺綠色，生有斑紋狀之線條，質極緻密，割裂難，加工易，通常用於工藝美術品；惟生長極緩，非達二三十年後不得為材。 |
| 錦熟黃楊<br>（Buxus sempervirens） | 亞洲南部、歐洲南部、非洲北部。 | |
| 雀舌黃楊<br>（Buxus harlandii） | 湖北、貴州、福建、廣東等省。 | 唐燿認為，黃楊只有此種可以長成大樹，其他多為灌木或小樹。樹皮通常為淺灰色，質柔。心材與邊材的區別不明顯。材色黃褐色至淡紅褐色，甚美麗而悅目。紋理直行或斜行，結構極細而緻密，質細重。 |

⑪【橫切面】生長於雲南麗江地區的黃楊木，海拔高，多石山，黃楊木杏黃透褐，年輪細密而又清晰可辨，除用於鑲嵌外，1990年代曾出口日本，為印章及工藝品的原料。（標本：北京梓慶山房標本室　攝影：馬燕寧）

⑫【原木】產於湖北西部、西北部的黃楊，材色淺，密度次於雲南，但顏色純淨，花紋雅秀，若隱若現。

## (2)《中國樹木志》分類

| 名稱 | 產地 | 生長特點 |
| --- | --- | --- |
| 黃楊（Buxus sinica, Buxus microphylla var.sinica.） | 華北、華中及華東 | 20 年生胸徑 13-15 厘米。散孔材，鮮黃色，心邊材區別不明顯。有光澤，紋理斜、結構細，堅硬緻密，耐腐朽、抗蟲蛀。車鏇及雕刻性能極好。 |
| 小葉黃楊（Buxus sinica var. parvifolia.） | 江西、安徽、浙江 | 木材堅硬緻密，可作細木工、雕刻、玩具、圖章等用。 |
| 軟毛黃楊（Buxus mollicula） | 雲南麗江及四川敍永 | |
| 皺葉黃楊（Buxus rugulosa） | 四川康定、大金川、崇化及雲南麗江等地 | |
| 楊梅黃楊（Buxus myrica） | 廣東、廣西、海南、貴州、雲南及湖南衡山 | |
| 闊柱黃楊（Buxus latistyla） | 雲南、廣西及越南、老撾 | |
| 海南黃楊（Buxus hainanensis） | 三亞、保亭、儋州 | |
| 大花黃楊（Buxus henryi） | 四川、湖北及貴州 | |
| 長葉黃楊（Buxus megistophylla） | 廣東、廣西北部、湖南宜章、湖北及貴州 | |
| 雀舌黃楊（Buxus bodinieri） | 西南、華南及華東諸省 | |
| 華南黃楊（Buxus harlandii） | 廣東、香港、海南 | |
| 滇南黃楊（Buxus austro-yunnanensis） | 雲南南部雙江、瀾滄、西雙版納 | |
| 尖葉黃楊（Buxus aemulans） | | |

## （3）按心材顏色純度分

　　純黃，又稱蜜黃，也即"象牙黃"。新切面杏黃色，久則淺褐透亮，包漿明顯，似老象牙色。僅見於國產黃楊、軟毛黃楊。

　　雜黃，主產於廣西南部及越南、老撾，原木幹形通直飽滿，直徑一般在 20-30 厘米左右，長度 1-2 米，但其心材顏色淺黃泛白，有寬窄不一的淺咖啡色條紋或其他雜色。

# 木材應用

## （1）主要用途

**家具**：黃楊木製作整件家具的例子很少。據雍正年間的造辦處檔案記載，僅見：雍正五年十二月二十一日，怡親王進貢紫檀木邊黃楊木心有抽屜插屏式書格二架；雍正八年八月初八日，黃楊木小香几一件（花梨木絛環板）；雍正九年三月初四日，黃楊木六瓣夔龍式帽架一件；雍正十一年，黃楊木瓜式帽架一對（紫檀木座），其餘均為壓紙、算盤、如意、掛屏等小件。

**鑲嵌**：如椅子靠背、牙子或絛環板，清代及民國的家具也用黃楊木與其他顏色的材料鑲嵌成傳統圖案。

**內簷裝飾**：故宮倦勤齋之竹簧花鳥圖、百鹿圖中的花、鳥、葉、細枝用竹簧，樹幹則用黃楊木。

**文玩及文房用具**：如意、水盛、筆筒、鎮紙、算盤珠等。

**根雕**：採用黃楊木根料，以其自然造型來雕琢人物或其他素材。

**宗教造像等人物雕刻**：主要使用光滑細膩而又無紋者，時間久遠則有古銅或象牙的質感。

此外，古代文獻記載，黃楊木一般用於"木梳及印版之屬"、"可備梳篦之用"、"作梳刻印"。中國和日本尤喜將其用於印章。日本人製印特別鍾愛產於雲南西北部尤其是麗江一帶、貴州梵淨山及湖北的黃楊，雲南曾有專門的工廠為日本生產黃楊木印章坯料。

## （2）木材的搭配

"天玄而地黃"。黃，本謂土地之色。自古五色配五行五方，土居中，故以黃色為中央之正色。用"黃"，在鑲嵌工藝方面十分講究與之相配的其他木材的天然色彩與比重。一般來說，與之相配的木材比重不能太輕，顏色不能近黃或淺色，如酸枝中的淺黃者、雞翅木中的淺黃者、黃花黎、楠木、櫸木等，而紫檀、烏木、深色雞翅木、老紅木均可採用黃楊木鑲嵌，二者色差明顯、比重適宜，可起畫龍點睛之妙用。在家具製作中，儘量避免大面積使用黃楊或整件器物使用黃楊，其色彩易喧賓奪主。

## （3）黃楊木雕

黃楊木色淺而潔，質地硬而潤，是雕刻藝術最喜歡的材料。其木質細膩、光滑潤澤，用於雕刻可表現人物豐富多彩的感情與局部細微特徵，如眼睛、毛髮、褶皺、面部所呈現的喜怒哀樂等。因此，黃楊木雕以人物或動物為題材者多，以系列作品取勝。故宮博物院所藏黃楊木雕東山報捷圖筆筒，為清初雕刻名家吳之璠的代表作，高浮雕刀法精湛、打磨光潤，被譽為傳世黃楊木雕珍品。但黃楊木純色無紋且性脆而易受損，故忌鏤空、忌承重、忌表現蔓枝薄葉。

⑬【日本黃楊木雕工藝表演】日本東京三越百貨組織的黃楊木傳統雕刻藝人現場表演，多為各式梳、
　盒等日用工藝品。

⑭【清・黃楊木雕人物紋如意】（收藏：北京梓慶山房）

⑮【清・黃楊木雕八寶紋水丞】（收藏：北京梓慶山房）

⑯【黃楊木雕蘭花開光】酸枝木燈掛椅的靠背板為東非黑黃檀，上嵌黃楊木雕蘭花開光。（標本：北
　京梓慶山房）

⑰【黃楊木雕五方佛之阿彌陀佛】（資料提供：中國工藝美術大
　師　童永全，四川成都）

⑱【酸枝木束非黑黃檀三面圍子嵌黃楊木雕蘭草紋羅漢牀】（設
　計：沈平　製作與工藝：北京梓慶山房　周統）

⑲【清・老紅木靠背椅靠背板】此背板嵌字材料為黃楊木，色
　變為紫紅色。所嵌"窗前彩鳳見來頻"之句，出自明代名臣
　商輅的《墨竹二首・為戴震先題》："一林蒼玉發新梢，彷彿
　朝陽見鳳毛。勁直不隨霜雪變，也應素節養來高。淡墨何
　年寫此君，窗前彩鳳見來頻。虛心不改歲寒意，為有清風是
　故人。"（收藏：廣西玉林　羅統海　攝影：于思群）

# 十三、柏木

## Cypress

**學名** 柏木並不指一個樹種，是柏科中多個樹種的集合名詞。本文以柏木（Cupressus funebris）、側柏（Platycladus orientalis）、圓柏（Sabina chinensis）為重點介紹。

**別稱及產地**

| 學名 | 英文 | 別稱 | 原產地 | 引種地 |
|---|---|---|---|---|
| 柏木（柏樹，Cupressus funebris） | Chinese weeping cypress | 四川：垂絲柏、香扁柏、花香柏<br>湖南：掃帚柏<br>湖北：白木樹、柏香樹、唐柏<br>河南：密密松<br>雲南：宋柏、瓔珞柏 | 長江流域及以南地區，尤以四川為盛、為佳。 | 這三種柏木在全國各地均可引種，特別是在文物古跡集中的地區，如寺廟、陵園、公園等地。 |
| 側柏（Platycladus orientalis） | Oriental arborvitae | 浙江、安徽、四川：扁柏<br>江蘇揚州：扁檜<br>河北：香柏<br>湖北：香樹、香柯樹 | 西北、華北及西南部。 | |
| 圓柏（Sabina chinensis） | Chinese juniper | 《詩經》：檜。《衛風·竹竿》："淇水滺滺，檜楫松舟。"<br>《禹貢》：栝。"杶榦栝柏"<br>《本草匯言》：刺柏<br>《植物名實圖考》：血柏<br>北京：紅心柏、刺柏、檜柏<br>江蘇揚州：圓松<br>雲南：真珠板、珠板<br>福建：桂香、柏樹、柏木 | 內蒙古南部、華北及西南、華南各地。 | |

① **【側柏】** 側柏多順直溝槽，正圓高大者居多。（北京大覺寺）
② **【圓柏】** 大覺寺的圓柏表面包節成串，呈迴旋紋，空洞腐朽較多。（北京大覺寺）

**科屬** 柏科（CUPRESSACEAE Bartl.） 扁柏屬（Chamaecyparis Spach.）、柏木屬
（Cupressus L.）、圓柏屬（Sabina Mill.）、翠柏屬（Calocedrus Kurz）、側柏
屬（Platycladus Spach）

**釋名** 《詩經·商頌·殷武》："陟彼景山，松栢丸丸。是斷是遷，方斲是虔。松桷
有梴，旅楹有閑，寢成孔安。"柏與栢同，《本草綱目》引王安石《字說》曰：
"松柏為百木之長，松猶公也，柏猶伯也，故松從公，柏從白。"

《宋代寇宗奭《百草衍義》曰："嘗官陝西，每登高望之，雖千萬株，皆一一
西指。蓋此木至堅之木，不畏霜雪，得木之正氣，他木不逮也。所以受金
之正氣所制，故一一向之。"明代魏子材《六書精蘊》則稱："柏，陰木也。
木皆屬陽，而柏向陰指西。蓋木之有貞德者，故字從白。白，西方正色也。"
《本草綱目》引北宋陸佃《埤雅》稱："柏之指西，猶針之指南也。柏有數種，
入藥惟取葉扁而側生者，故曰側柏。"又引蘇頌的說法："柏實以乾州者為
最。……用其葉名側柏，密州出者尤佳，雖與他柏相類而其葉皆側向而生，
功效殊別。"

《爾雅·釋木》："檜，柏葉松身。"《爾雅翼》："檜，今人謂之圓柏，以別於
側柏。"《本草綱目》："柏葉松身者，檜也。其葉尖硬，亦謂之栝。今人名
圓柏，以別側柏。"

今日所見柏木家具實際上不止一個樹種，各地都有不同，山西、河北、北京
等北方地區以側柏、圓柏為主，雲南的翠柏、衝天柏，福建及其他南方地區
的福建柏、台灣省的紅檜，都是柏木中之翹楚。還有很多種柏木都可用於
家具、建築。

③【綠潭懸崖怪柏】北魏酈道元《水經
註·江水》："自三峽七百里中，兩岸
連山，略無闕處。重岩疊嶂，隱天蔽
日……。春冬之時，則素湍綠潭，回
清倒影。絕巘多生怪柏，懸泉瀑布，
飛漱其間。清榮峻茂，良多趣味。"

④【鼠李寄柏】北京西山大覺寺始建於
遼代咸雍四年（1068 年），院內的玉
蘭花、千年銀杏、七葉樹及柏樹、
楸樹均極有特點，特別是四宜堂（修
建於康熙年間，雍正皇帝以其齋號命
名，俗稱南玉蘭院）奇妙罕見的 "鼠
李寄柏"。圖中側柏樹齡約 600 年左
右，離地面高 1 米左右杈為兩棵
獨立的側柏，小葉鼠李（Rhamnus
parvifolia）則寄生於側柏分杈處，其
水分、營養完全依靠側柏供給，枝葉
繁茂俊美如綠蓋。

# 木材特徵

<table>
<tr><td rowspan="9">柏木</td><td>邊　　材：</td><td>黃白色，淺黃褐色或黃褐色微紅，與心材區別明顯。</td></tr>
<tr><td>心　　材：</td><td>草黃褐色或微帶紅色，與空氣氧化久則材色變深。也有的呈白色，久則轉為骨白或象牙白色。</td></tr>
<tr><td>光　　澤：</td><td>較強</td></tr>
<tr><td>香　　氣：</td><td>有柏木香氣，以清香為主。</td></tr>
<tr><td>味　　道：</td><td>苦</td></tr>
<tr><td>生 長 輪：</td><td>明顯，一般有紫紅褐色筋紋。</td></tr>
<tr><td>花　　紋：</td><td>樹齡老者紋理順直，少有明顯的花紋，如遇大的活疤節則產生螺旋紋或連續波浪紋。</td></tr>
<tr><td>氣乾密度：</td><td>0.562g/cm³</td></tr>
</table>

此種柏木家具多見於南方，特別是四川、貴州、雲南及兩廣，北方鮮見。

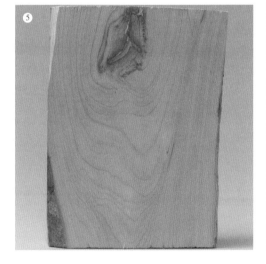

⑤【柏木古建構件之新切面】（標本：北京梓慶山房標本室）
⑥【側柏橫切面】（標本：北京梓慶山房標本室）

|  |  |  |
|---|---|---|
| | 邊材： | 黃白至淺黃褐色，與心材區別明顯。 |
| | 心材： | 草黃褐色或至暗黃褐色，久露空氣中則轉深，老者近象牙黃色。油質感強。 |
| | 光澤： | 強烈 |
| | 香氣： | 柏木香氣濃郁 |
| 側柏 | 味道： | 微苦 |
| | 生長輪： | 明顯，輪間晚材帶色深（紫紅褐）。 |
| | 花紋： | 側柏多生癭，根部或離根部 0.5-2 米之間能生連串癭子或大癭，花紋迴旋多變，絲絲重疊如漣漪相繼。《本草綱目》記載："陶隱居說柏忌冢墓上者，而今乾州者皆是乾陵所出，他處皆無大者，但取其州土所宜，子實氣味豐美可也。其柏異於他處木之文理，大者多為菩薩、雲氣、人物、鳥獸，狀極分明可觀。有盜得一株徑尺者，值萬錢，宜其子實為貴也。" |
| | 氣乾密度： | 0.618g/cm³（山東） |
| | 邊材： | 黃白色 |
| | 心材： | 紫紅褐色，久則轉暗，有時其內含邊材。 |
| | 光澤： | 較強 |
| | 香氣： | 柏木香氣濃郁 |
| 圓柏 | 味道： | 苦 |
| | 生長輪： | 明顯，輪間晚材帶色深。 |
| | 花紋： | 圓柏極易生癭，胸徑大者可達 3.5 米，如主幹粗壯而少癭或無癭，紋理細密順直或有彎轉自如的 "S" 形紋。如癭子密佈則似梅花有序排列，大癭者如細波推浪，延綿不絕。 |
| | 氣乾密度： | 0.609g/cm³（浙江昌化） |

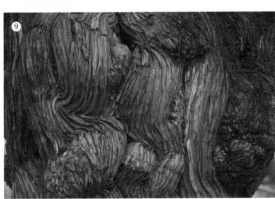

⑦【柏瘦】北京西郊鳳凰嶺龍泉寺圓柏不僅樹幹滿身佈瘦，而且近地樹根之奇紋怪瘦散落一地。

⑧【柏瘦】螺旋紋佈滿圓柏主幹，內部心材紋理與外部紋理契合。柏瘦空洞多，很難為器。（龍泉寺）

⑨【柏瘦】柏瘦曲折迴旋，紋理不亂，是其特徵與優點。（龍泉寺）

⑩【柏瘦】北京戒台寺側柏分杈處生瘦。多圓包瘦，紋理清晰、迴旋、流暢。柏瘦也為中藥，《百草鏡》稱："老樹生此，其狀如瘤，柏性西指，乃稟西方兌金之氣，故能平胃土而治胃痛，亦取其氣相攝服耳。"

⑪【柏瘦】側柏主幹或分枝生瘦，並不一定影響到心材紋理的變化。（戒台寺）

⑫、⑬、⑭【圓柏根部之美紋】

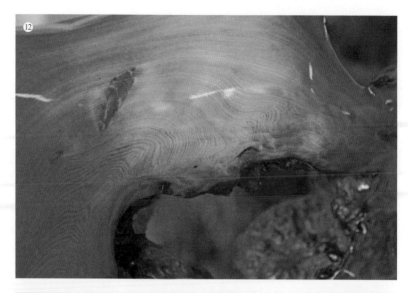

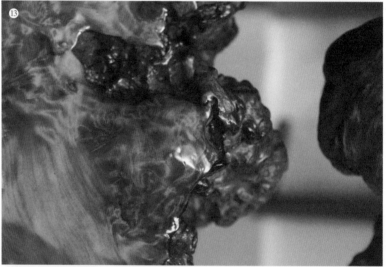

# 木材分類

按心材顏色、花紋分類

| | |
|---|---|
| 白木 | 不稱"白柏"，因其發音近似繞口。木材色淺近白，主要產於江南之柏木。 |
| 黃柏 | 心材黃色、黃褐色，如側柏、柏木。 |
| 紅柏 | 又稱血柏。心材紫紅褐色，如圓柏，或其他柏木之根部、老材顏色紅褐者。 |
| 花柏 | 又稱文柏。主要以圓柏即檜柏為主，其文章華美、線條灑脫、消散。主產於河北承德一帶。 |

這四種分類方法，主要便於柏木的加工利用及流通，簡明而實用。

《本草綱目》分類

| | |
|---|---|
| 側柏 | 葉扁而側生向西者 |
| 檜 | 又稱圓柏，也稱栝，柏葉松身者。 |
| 樅 | 松葉柏身者 |
| 檜柏 | 松檜相半者 |
| 竹柏 | 竹葉柏身者，產峨嵋山。 |

註：竹柏，葉如竹葉，種子如柏。屬羅漢松科羅漢松屬，學名 Podocarpus nagi

按紋理分類

| | |
|---|---|
| 扭紋 | 樹幹表皮溝條狀清晰明顯，特別是側柏，扭曲的溝槽從樹根一直攀緣而上直至樹梢，有些心材也由此而產生扭曲紋，有些心材則不受此影響而保持自身的紋理特徵。 |
| 直紋 | 樹幹表面溝槽直上直下，從底至頂均順直無變化，側柏、圓柏或其他柏木均有此現象，心材一般呈直紋直絲者多，如遇活節或癭則會生變，但直紋直絲這一總的特徵不會改變。 |

<table>
<tr>
<td rowspan="3">近年市場流行的分類</td>
<td>**越檜**<br>Cupressus spp.</td>
<td>產於老撾、越南的柏木，樹幹通直粗大，心材米黃色，與雲南產香榧木之顏色、紋理極其相似。木材表面乾淨、滑膩、紋理清晰、排序整齊。</td>
<td>從越南、老撾進口到雲南後轉口至日本和中國台灣地區，主要用於工藝品雕刻及裝飾用材，也用於圍棋棋盤的製作。</td>
</tr>
<tr>
<td>**藏柏**<br>Cupressus torulasa D. Don</td>
<td>胸徑可達1米。產於藏東南波密、野貢、通麥等海拔1800-2800米石灰岩山地。雲南的德欽及印度、尼泊爾、不丹、錫金等地也有分佈。心材金黃色、黃褐至暗紫色，具柏木香氣。</td>
<td>從1990年代開始，經昆明、成都出口到日本，用於室內裝飾、高級包裝盒、家具製作。</td>
</tr>
<tr>
<td>**香柏**<br>Cupressus duclouxiana Hickel</td>
<td>學名衝天柏，又稱雲南柏、幹香柏、滇柏。主產於雲南中部、西北部，緬甸西北部也有分佈。胸徑大者可達80厘米，一般胸徑較小，在20-50厘米之間，且網狀腐較多，出材率極低。心材金黃色，生長輪明顯且呈紫褐色，光澤度強。</td>
<td>國內多用於棺木及其他工藝品。近年主要出口到日本、中國台灣，多用於浴室壁板、室內裝飾、家具及工藝品。</td>
</tr>
</table>

⑮【越檜】

⑯【香柏】心材近水紅色，柏木香濃郁持久。

⑰【藏柏】

⑱【藏柏】同一樹莞生發粗細不一的七根柏樹

⑲【藏柏樹皮與樹節】

⑳【日本柏樹】伊豆半島的柏木心邊材區別明顯，心材近赤紅色，材質細膩、滑潤。

㉑【颱風過後的日本柏樹】伊豆半島直面太平洋，颱風頻繁，曾有海嘯，島上的樹木從幼齡到成材，
　　一直受到風災的影響，搖擺不定，使心材的組織結構受到傷害，紋理也會受到影響，故日本木材
　　商一般不會採伐或使用山谷埡口、海岸邊生長的柏木。柳杉、松木及其他木材也如此，這是選材、
　　用材的一個重要原則。

㉒【香柏】四根橫臥的大原木即為來自緬甸西北部的香柏（雲南騰沖縣滇灘邊貿貨場）

# 木材應用

## （1）主要用途

**園林**：柏木是皇家園林之主要樹種，如宮殿四周、道路兩旁、公園、陵寢周圍。

**醫用**：木、樹皮、樹葉、果實均可入藥。柏實，主治驚悸益氣，除風濕痹，安五臟。柏葉，主治吐血衄血等，輕身益氣，令人耐寒暑。枝節，煮汁釀酒，去風痹、厲節風。脂，主治身面疣目。

**提煉**：樹根、樹葉可提煉柏木腦、柏木油，種子可提製潤滑油。

**棺木**：柏木屬陰，且防腐、防潮、防蟲，不易開裂，故我國歷史上多用其製作棺槨。《禮記註疏》曰："（槨）天子，柏；諸侯，松；大夫，柏；士，雜木也……，黃腸為裏，表以石焉。"《漢書·霍光傳》唐代顏師古註引蘇林曰："以柏木黃心致累棺外，故曰黃腸；木頭皆內向，故曰題湊。"陝西省寶雞市鳳翔縣南指揮村發掘的"秦公一號墓"，墓主為秦景公（公元前 577—前 537 年在位），棺槨用料全為柏木方材，長度有 5.6 米和 7.3 米兩種，端頭尺寸為 21×21 厘米見方，每根重逾 300 公斤。表面連片的刀斧砍削後留下的凹凸痕跡十分明顯、清晰。為防止地下水通過柏木節疤滲入而致棺槨腐朽，便將節疤完全挖出，再用鉛、錫、白鐵合金混成後澆注封護，所封金屬與木枋一樣平整。2500 多年前，這種把握合金配比和澆注火候的技術就已相當成熟。

**家具**：柏木香氣濃郁，宜做畫箱、畫案、牀、桌、凳及書櫃、衣櫃，因其顏色乾淨溫和、材質細膩，成器後十分養眼，遂成為高級家具的重要用材。上等柏木家具經年累月之後，更是色如象骨，白裏透金，幾乎不見絲紋。柏木用於家具製作的歷史應該在所有木材中是最久遠的，《詩經》等文獻中已有許多記載。在黃河以北地區，柏木幾乎無所不為，日用家具或其他可以用木而製的器物均可見到柏木的身影。雍正朝的造辦處檔案中便有抽長柏木牀、柏木壓紙、柏木水法、楠木邊柏木心橫楣，楠木邊柏木心簾架、落地罩、

㉓【明・朱漆柏木經櫃局部】（收藏：北京 張旭）

㉔【明・柏木圓角櫃櫃門心局部】（收藏：北京 張旭）

㉕【黃腸題湊】陝西省鳳翔縣秦公一號墓，全長 300 米，面積
　5334 平方米，墓內有 186 具殉人，梓室"黃腸題湊"全為柏
　木枋。（陝西鳳翔）

㉖【槨室柏木枋】秦公一號墓槨室柏木枋，每根重約 300 公斤，
　長度為 5.6 米和 7.3 米兩種。每根的橫截面為 21x21 厘米的
　正方形，兩端中心有長 21 厘米的榫頭。

小槅扇等家具的記錄。至今，在山西、河北、北京、山東、河南等地還可以見到古制依舊、造型秀雅簡潔的柏木家具，包括槅扇、牀、條凳、條案、几櫃等等。近年來，許多優秀的柏木家具已流往美國、歐洲、新加坡及香港、台灣地區。

## （2）柏木癭的處理

柏木癭鋸開後缺陷較多，死節留下的窟窿多呈焦黑色。主要原因是柏木自幼齡時期便枝椏較多，容易產生死節或內部腐朽、空洞，而腐朽處也容易被新生層包裹而不易從外表看出內部的情況，如何開鋸是極為困難的。柏木生癭易，合理利用難，很難看到柏木家具裏有較大且成形的柏木癭，原因就是如此。另外，野生柏木成癭者少，雖然樹幹上多生死節或大小不一的活節，但不易生成生動美麗的癭紋。如遇柏木小節且明顯者，不宜做心板或置於家具明顯的部位，而應置於不顯要部位或充當輔料、胎料。

## （3）柏木的紋理

柏木有扭曲紋與直紋之分，故在選材時應特別注意。扭曲紋一般應放置在不顯眼的部位，如背板、側板或抽屜板，花紋生動可愛者可做心板或其他顯眼處，但不宜做腿、邊。直紋可與扭曲紋結合使用，且可以用於家具的任何部位。

## （4）與其他木材的搭配

柏木除了可用於漆家具及包鑲家具的胎料外，也可與杉木、桐木、銀杏搭配使用，還常作為黃花黎、紫檀、格木家具的配料，如側板、背板、隔板、抽屜板等。除了其材性穩定、比重輕外，柏木屬陰，紫檀、黃花黎、格木屬陽，陰陽相交，也是一個重要因素。

㉗【遼金時期晉北地區明器：柏木臉盆及臉盆架】
㉘【遼金時期晉北地區明器：柏木衣架】
㉙【清中期・柏木冰箱】(收藏：北京梓慶山房)
㉚【清中期・柏木冰箱箱蓋】(收藏：北京梓慶山房)

# 十四、檀香木
## Sandalwood

| | |
|---|---|
| **學名** | **中文**：檀香 |
| | **拉丁文**：Santalum spp. |
| **別稱** | **中文**：老山香、白皮老山香、地門香、新山香、白檀、旃檀、真檀、震檀 |
| | **英文或地方名**：Sanders, Sandal, Sandal wood, White sandalwood, Chandan, Candana, Chandal Gundana |
| **科屬** | 檀香科（SANTALACEAE） 檀香屬（Santalum） |
| | 檀香約有 18-20 個樹種，最有代表性的是產於印度、印尼、東帝汶的檀香（Santalum album）及產於南太平洋島嶼之斐濟檀香（Santalum yasi）、新喀里多尼亞檀香（Santalum austrocaledonicum）。 |
| **產地** | **原產地**：關於檀香的原產地，植物學界還有不少爭議，有觀點認為只有印尼及東帝汶是原產地。根據現有的定論，總結如下： |
| | **核心區**：印度尼西亞、東帝汶 |
| | **太平洋東部地區**：美國夏威夷及智利胡安・費爾南德斯島 |
| | **南太平洋島國**：斐濟、所羅門群島、新喀里尼多尼亞、瓦努阿圖等 |
| | **澳大利亞**：集中於新南威爾士州及以珀斯為營銷中心的西部地區 |
| | **南亞**：印度南部的卡納塔克邦、泰米爾納德邦、安德拉邦，斯里蘭卡也有少量分佈。 |
| | **引種地**：檀香的引種歷史比較悠久，中國的廣東、海南、雲南、廣西、台灣、香港均有一定數量的人工種植。泰國、緬甸、孟加拉、斯里蘭卡等東南亞、南亞國家，非洲、南美洲及南太平洋的一些島嶼，均有數量不等的人工種植。 |
| **釋名** | 宋代趙汝適《諸蕃志》稱："檀香出闍婆之打綱、底勿二國，三佛齊亦有之。其樹如中國之荔支，其葉亦然，土人斫而陰乾，氣清勁而易泄，爇之能奪眾香。色黃者謂之黃檀，紫者謂之紫檀，輕而脆者謂之沙檀，氣味大率相類。樹之老者，其皮薄，其香滿，此上品也。次則有七八分香者。其下者謂之點星香。為雨滴漏者謂之破漏香。其根謂之香頭。"馮承鈞校註《諸蕃志》稱："檀香，佛書名旃檀，一作真檀，梵名 Candana 之對音，即 Santalum album 也，是為白檀。"《本草綱目》則稱："檀，善木也，故字從亶。亶，善也。釋氏呼為旃檀，以為湯沐，猶言離垢也。番人訛為真檀。" |

① 【檀香樹】與洋金花、白豆蔻及南洋楹相伴相生的檀香樹。宋代陳敬所著《陳氏香譜》中稱檀香"亦
出南天竺末耶山崖谷間，然其他雜木與檀相類者甚眾，殆不可別。但檀木性冷，夏月多大蛇蟠繞，
人遠望見有蛇處，即射箭記之，至冬月蛇蟄，乃伐而取之也。"

② 【檀香樹主幹及樹皮】

③ 【新喀里多尼亞檀香】瓦努阿圖桑托島為新喀里多尼亞檀香的主產地，經過英、法等國近三百年的
掠奪性開採，野生檀香幾乎絕跡。

# 木材特徵

## (1) 老山香（Santalum album，主產於印度南部）

幹　　形：　通直、正圓、飽滿，極少有節疤。

邊　　材：　淡白透灰或淺黃色，無香氣。

心　　材：　新切面淡黃褐色，久則呈淺褐色，有人稱之為"雞蛋黃"。成器數十年或數百年後呈深褐色，包漿薄、透而明亮可愛。故宋代葉廷珪《香譜》論及檀香有"皮實而色黃者為黃檀，皮潔而色白者為白檀，皮腐而色紫者為紫檀"之謂，實際上三者為一物，只不過是不同時期顏色變化或樹幹不同部分顏色相異的不同表現。

香　　味：　新切面檀香味濃郁、醇厚，久則香淡如蘭，綿長悠遠。

紋　　理：　紋理順直或不見紋理，有時局部有波浪紋。

光　　澤：　光澤強，時間越長，光澤越柔和內斂。

手　　感：　細潤滑膩

油　　性：　油性強，是檀香木中含油量最高的，平均達 4-6.5%。

氣乾密度：　0.84-0.93g/cm$^3$

## (2) 地門香（Santalum album，主產於印度尼西亞、東帝汶）

地門香是歷史上開發最早的一種，與印度所產老山香為同一個種，但其幹形彎曲者多，較少有正圓飽滿者，有少量節疤，故在國際市場上的價格大大低於印度老山香，其餘特徵與老山香近似。

## (3) 新喀里多尼亞檀香（Santalum austrocaledonicum，主產於瓦努阿圖、新喀里多尼亞）

南太平洋島國所產檀香一般稱為波利尼西亞檀香，歷史上，當地幾乎每一國家均有檀香木出口的記錄。質量精良者尤數斐濟檀香（Santalum yasi），其含油量與印度老山香一致，平均為 4-

6.5%；其次為新喀里多尼亞檀香，平均含油量為 3–6%。斐濟檀
香、新喀里多尼亞檀香在國際市場上至今仍極具代表性。

幹　　形：　徑級較小，一般 10 厘米者多，正圓飽滿者極少，且多含節疤。

邊　　材：　淺黃或淡白色，無香味。

心　　材：　杏黃色或淺褐色，純正者多為象牙黃。部分檀香木心材有紅
　　　　　　棕色紋理。

香　　味：　新切面檀香味濃郁，與老山香之香味近似。

生 長 輪：　有時清晰

心　　腐：　心材呈網狀腐的比例約佔 30%，不利於檀香油的提煉及木材
　　　　　　利用，是其致命弱點。

油　　性：　樹齡長者油性強，僅次於老山香及斐濟檀香，檀香油佔 3–6%，
　　　　　　但樹齡較短者或人工林之油性稍差，且心材顏色呈灰白色。

氣乾密度：　據瓦努阿圖林業局資料稱，新喀里多尼亞檀香含水率在 12%
　　　　　　時，氣乾密度為 9 級，即 0.805–0.9g/cm$^3$。

④【老山香心材】將邊材剝淨後，留下刀斧砍削的痕跡。
⑤【老山香原木端面】除有序號 "20" 外，還有賣家或政府用號錘打擊的嘜頭（Mark）。
⑥【地門香】細小者為老山香，粗大色淺者為新伐的地門香，應為人工種植。

# 木材分類

　　檀香木的分類或分級十分複雜，印度、印尼、澳大利亞、瓦努阿圖、斐濟及巴布亞新幾內亞均有自己的分類或分級方法，但國際市場上一般還是以檀香之幹形、徑級、檀香油含量來分類與分級：

## (1) 分類

**老山香：** 主產於印度南部，是國際市場上等級最高、價格最高的佳品。

**地門香：** 主產於印度尼西亞、東帝汶，質量及價格僅次於老山香。

**波利尼西亞檀香：** 主產於南太平洋島國，質量及價格應排在第三位。

**新山香：** 一般指澳大利亞所產檀香

**雪梨香：** 雪梨即澳大利亞悉尼（Sydney）的粵語音譯，歷史上凡從悉尼運至香港，再從香港轉運至中國內地的檀香均稱雪梨香。

⑦【新喀里多尼亞檀香原木】(收藏：廣東省鶴山市　麥苟　麥啟源)

⑧【帶皮的檀香原木】產於瓦努阿圖的新喀里多尼亞檀香原木，含有樹皮、邊材與樹菀，長者長約 6 米，小頭直徑 26 厘米。

⑨【新喀里多尼亞檀香樹皮】

## (2) 分級

檀香木的分類實際上也是不同質量、標準的分類。在貿易過程中會將不同產地或同一產地的檀香木分為五級：S、A、B、C、N。

| 等級 | 評定標準 |
| --- | --- |
| S 級 (Special，特級) | 直徑：20 厘米以上<br>長度：100 厘米以上<br>顏色：色澤一致，純象牙黃或杏黃，無雜色。<br>其他：幹形正直、飽滿，無心腐、節疤、彎曲或空洞。 |
| A 級 | 直徑：16 厘米以上<br>長度：100 厘米以上<br>其餘標準與 S 級同 |
| B 級 | 直徑：10 厘米以上<br>長度：80 厘米以上<br>顏色：與 S 級同<br>其餘標準與 S 級同 |
| C 級 | 直徑：10-30 厘米或以上<br>長度：80 厘米以上<br>其餘：幹形直或彎曲，允許有心腐、節疤或空洞，但木質腐朽部分必須剔除乾淨。 |
| N 級 (Non-Grade) | 對直徑、長度無要求；<br>顏色不一致；<br>允許有缺陷，但腐朽部分與樹皮、內夾皮、邊材必須剔淨 (如樹根或檀香之末梢部分必須切除)。 |

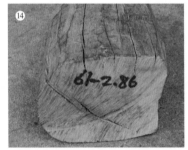

⑩【老山香】產於印度的老山香原木，編有序號 (17)，重 16.950kg，編號 10-43。（標本：雲南德宏州芒市寸建強）

⑪【特級老山香】特級老山香，長者約 2.2 米。（收藏：北京 程藏君）

⑫【A 級老山香】（收藏：寸建強）

⑬【B 級老山香】B 級老山香，長度約 30 厘米，徑級 20 厘米，色澤與材質均佳。

⑭【C 級老山香】C 級老山香，長度約 35 厘米，徑級 22 厘米，表面徑裂。

⑮【C 級或 N 級老山香】從端面看呈扁圓形，有徑裂、缺口與空洞，在實際貿易過程中，也應視其長度、徑級而定等級。

# 木材應用

## (1) 主要用途

| | |
|---|---|
| 在印度 | 提煉檀香油，供應歐洲。除藥用外，主要用於名貴香水之定香劑。<br><br>檀香木雕。班加羅爾為世界檀香木及檀香製品生產與貿易中心，檀香木雕（以佛像等工藝品為主）十分著名。<br><br>歷史上，印度教徒火葬時均用檀香木作為燃料。<br><br>寺廟用香<br><br>藥用 |
| 在中國 | 雕刻及工藝品。多用於製作把玩件、文房用品，如筆筒、如意、香斗、鎮紙、匣或扇骨、數珠、軸頭以及一些器物之鑲嵌。明代朱謀垔《畫史會要》稱："軸頭，用檀香為之，可以除濕遠蠹，芸麝、樟腦亦辟蠹。"<br><br>製作香粉、香餅、香囊。<br><br>製作家具。檔案記載，雍正時期有用檀香木製做帽架、佛龕、烏木邊嵌檀香面香几、沉香白檀香雙陸、長方盤、白檀香安簧飾件九隔匣、白檀香心鑲嵌寶石鍍金梵字邊滿達。<br><br>製作佛像。據傳，釋迦牟尼的第一座雕像即旃檀佛像便採用檀香木，故佛寺及民間多喜用檀香木雕刻佛像。建於 1090 年的緬甸蒲甘阿難陀塔（Ananda Pahto），塔底四面拱門內各有一尊高近 10 米的獨木雕成的釋迦牟尼像，分別用檀香木、柚木、松木和玉蘭雕成。這裏的檀香可能為緬甸檀香，也稱水檀。<br><br>藥用。檀香油中的成分有較強的抗菌作用。中醫藥學認為，檀香性溫，味辛，有溫中、止痛的功效。 |

## (2) 檀香木的乾燥

　　檀香木富集檀香油，必須自然乾燥。不能採用其他人工乾燥方法，否則極易使檀香油流失，檀香味道變淡。

## (3) 與其他材質的搭配

　　檀香材性特異、價值高昂，不易與一般木材或其他材料相配，且受材料尺寸的限制，檀香木家具極少大器。如用於家具及其他器物的製作，多以鑲嵌為主，且多與深色的紫檀、烏木或象牙、寶石、玉石相配，小型器物或把玩品則可單獨成器。如用檀香製作工藝品，底座應以深色玉石或紫檀、烏木相配。

## (4) 佛像選材

　　用檀香木雕造佛像需要格外注意，儘量採用材質細膩、緻密無紋者，法相莊嚴是首先要考慮的。緬甸所產之水檀或尼日利亞所產檀香均色變明顯、紋理粗糙，極不適宜於佛像的雕造。另外，節疤明顯者也不宜用於佛像的雕造。

⑯【檀香木火葬】南亞的印度教徒去世後實行火葬或水葬。歷史上，火葬燃料多用檀香木，現今僅用一小塊檀香木作為象徵。（加德滿都）
⑰【清中期‧檀香木首飾盒】（收藏：北京 樊錳　攝影：馬燕寧）
⑱【檀香木駱駝遠行圖】（收藏：台灣 許耀華）
⑲【檀香木佛像】（作者：福建仙游 顏光輝）
⑳【老山香佛像】（作者：福建仙游 顏光輝）
㉑【緬甸蒲甘阿難陀塔東面拱門內的釋迦牟尼像】
㉒【緬甸蒲甘阿難陀塔】

# 十五、楠木

## Nanmu

**學名**　楠木為樟科楨楠屬（Phoebe，又楠楠屬）和潤楠屬（Machilus）多個樹種之統稱，故無法確定其學名，只有確認其具體樹種時才能給出恰當的學名。

**別稱**　**中文**：楠木、水楠、金絲楠、香楠、骰柏楠、鬥柏楠、豆瓣楠、鬥斑楠

　　　　**英文**：Nanmu, Phoebe

**科屬**　樟科（LAURACEAE）　楨樟屬（Phoebe）、潤楠屬（Machilus）

**產地**　**原產地**：潤楠屬的樹種多分佈於東點亞及日本南部，我國南方各省均有分佈；而楨楠屬的樹種多集中於我國長江流域，特別是四川、貴州、湖南西部，亞洲其他的熱帶及亞熱帶地區也有分佈。我國雲南、西藏也有楨楠屬樹種生長，一般以滇楠（Phoebe nanmu）為主，顏色淺黃至灰白，香味很弱，明顯不及四川所產楨楠。從材質來講，楨楠屬優於潤楠屬。

　　　　**引種地**：我國南方各省及亞洲熱帶、亞熱帶地區均有引種。

**釋名**　楠木為南方之木，故字從南。《本草綱目》云："楠木生南方，而黔、蜀諸山尤多。其樹直上，童童若幢蓋之狀，枝葉不相礙。葉似豫章，而大如牛耳，一頭尖，經歲不凋，新陳相換。其花赤黃色。實似丁香，色青，不可食。幹甚端偉，高者十餘丈，巨者數十圍，氣甚芬芳，為樑、棟、器物皆佳，蓋良材也。色赤者堅，白者脆。其近根年深向陽者，結成草木山水之狀，俗呼為骰柏楠，宜作器。"

　　　　楠木，又稱柟。《藝文類聚》"柟"條記載："莊子曰：'騰猿得杉柟，攬蔓而生長其間，得便也。'《山海經》曰：'搖碧山、朝歌山、脆山多柟，負霜停翠。'"

　　　　需要指出的是，有人認為楠木就是指產於四川之楨楠（Phoebe zhennan），或所謂的金絲楠也僅指楨楠，這一觀點過於片面。從植物學角度來看，楠木為樟科楨楠屬、潤楠屬木材之統稱。楨楠屬樹種約有 94 種，我國有 34 種；潤楠屬約 100 多種，我國約 70 種。

① 【樹冠】四川成都杜甫草堂楨楠樹冠局部
② 【樹葉】四川三星堆遺址的楨楠樹葉
③ 【西晉古楠】四川省榮經縣雲峰寺植於西晉年間（265-316 年）的古楠，樹齡 1700 餘年，樹高 36 米，樹冠 23x18 米，胸徑 1.99 米，胸圍 6.24 米。
④ 【樹皮】雲峰寺古楠主幹樹皮、癭包。
⑤ 【帶空洞的楠木】楠木大頭（近根部），直徑約 2.3 米，空洞面積較大，貫穿始終，其壁厚實，色澤金黃純一，材性穩定，癭紋佈滿全身。

# 木材特徵

楠木的形態特徵十分相似，很難區別，一般為高大喬木，樹高可達 40 米左右，胸徑最大者可至 2 米，或更大。據稱，明清時期庫存於皇木廠的一根大楠木，騎馬察看而不見對面人物。陳嶸《中國樹木分類學》描述產於四川之楨楠時稱："喬木，高可達五丈。產鄂西及川西，為普通之楠木。在四川成都尤為茂盛，其幹細長直聳，枝短而小，葉密生，較他種楠木小而狹，生長較緩，但以其樹形之峭聳端麗，在川西一帶多植於廟宇四旁，惟達海拔高三千尺以上之地，則罕見之矣。"楨楠之樹皮呈淺灰黃或淺灰褐色，較為平滑，容易脫落，具有明顯的褐色皮孔。

**邊材：** 淺黃褐色

**心材：** 與邊材區別不明顯，淺黃褐色中泛綠是其明顯的特徵。陰沉木中的楠木（如棺木、沉入河牀沙石中的楠木）有時會呈深咖啡色或深褐色，但含金黃色或帶綠色之特徵尤其明顯。

**生長輪：** 十分清晰，特別是原木之端面，輪間呈深色帶。

**氣味：** 新切面有清新悠長之香氣。房料、舊家具料、陰沉木幾乎沒有香味，但刮開一片仍然香氣醇厚，沁人心脾。無論何種楠木，包括金絲楠，香味都是鑑別的主要特徵之一。

**光澤：** 光澤性強。新刨光之新材並不明顯，時間長久特別是長期使用，與人接觸，木材光澤如鏡，透明潤澤。老料特別是陰沉木或樹根部位的光澤更好，置於自然光下，折射刺眼。

**紋理：** 紋理清晰而多變。癭木中最美麗動人者多出自於楠木，且以"滿面葡萄"或"山水紋"最為貴重。從產地來看，福建、浙江所產楠木紋理至佳者多，如閩楠（Phoebe bournei）、浙江楠（Phoebe chekiangensis）等等。清代谷應泰所撰《博物要覽》稱"（楠木）木紋有金絲，向明視之，的爍可愛；楠之至美者，向明處或結成人物、山水之紋。"

**氣乾密度：** 一般在 0.6 左右，如四川峨嵋產楨楠 0.610g/cm³，湖南莽山產紅潤楠（Machilus thunbergii）0.569g/cm³，四川產潤楠（Machilus pingii）0.565g/cm³，福建產刨花楠（Machilus pauhoi）0.511g/cm³。

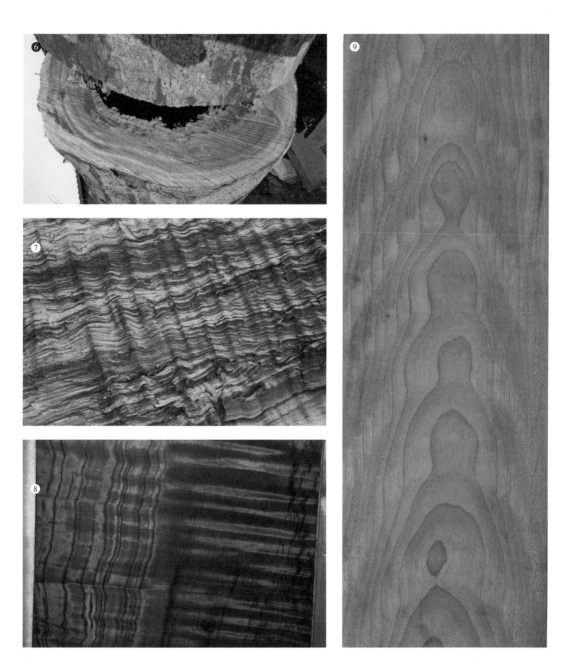

⑥【邊材與心材】從中橫截的楠木，邊材色淺而厚，心材金黃色。

⑦【楠木陰沉木水波紋】楠木陰沉木表面波浪紋層疊，剖開後即為著名的水波紋。

⑧【楠木陰沉木水波紋】

⑨【佛紋】楠木弦切而產生的佛紋，極為稀見。（標本：張建偉　攝影：崔憶）

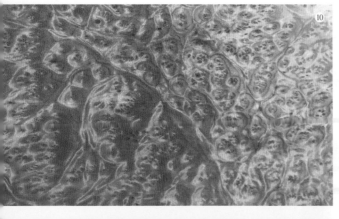

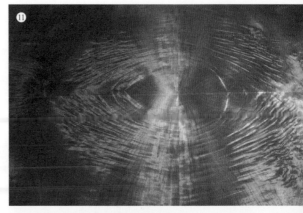

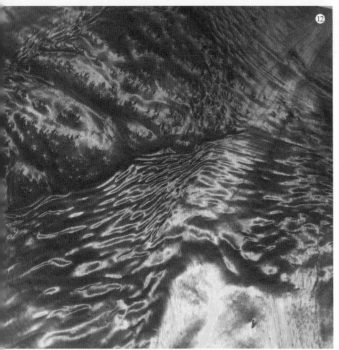

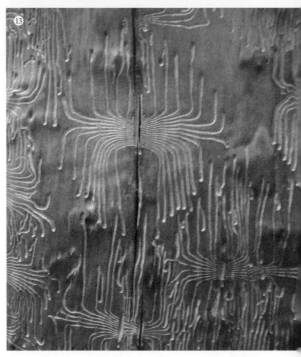

⑩【"滿面葡萄"紋】

⑪【光芒四射的弧形紋】（標本：福建泉州 陳華平）

⑫【葡萄紋與水波紋】

⑬【蟲道紋】撕開楠木樹皮後顯露的有規律的蟲道紋。蟲道
對楠木紋理及色澤的形成有何影響，也是有待深究的問
題之一。（標本：福建省三明市泰寧縣明清陵園 陳明清）

⑭【滇潤楠之著名的"鯉魚紋"】（標本：西雙版納景緣紅
木 胡平）

# 木材分類

## (1) 按屬分

**楨楠屬**：亦稱楠屬、雅楠屬。楨楠屬之材質明顯高於潤楠屬，傳統意義上的"金絲楠木"多源於此屬。其上上品為產於四川之楨楠，貴州、湖南、廣西也有分佈，故楨楠又有"楠木之王"的美稱。此屬除楨楠外，還有紫楠、峨嵋紫楠、滇楠、利川楠、崖楠、茶杭楠、山楠、小葉楠、光葉楠、烏心楠、雅礱江楠、大果楠、紅毛山楠、普文楠、台楠、白楠。

**潤楠屬**：從實踐經驗看，潤楠屬之材質遜於楨楠屬。其心材呈灰白色、無金絲者多，光澤及紋理也不能與楨楠屬媲美，所謂的"水楠"即多出自於潤楠屬。主要樹種有：滇潤楠、小黑潤楠、大葉潤楠、狹葉潤楠、多脈潤楠、信宜潤楠、絨毛潤楠、納槁潤楠、紅潤楠、香潤楠、潤楠、刨花潤楠（又稱刨花楠）、落葉潤楠、宜昌潤楠、利川潤楠、華潤楠、尖峰潤楠。

## (2) 傳統分類

《博物要覽》將楠木分三種：香楠（微紫、香清紋美），金絲楠（出川峒中，木紋有金絲，向明視之，閃爍可愛），水楠（色青，木質甚鬆，如水楊之類，惟可作桌凳之類）。

清代《安定縣志》將楠木四種：香楠、油楠、石梓、虎梓。

清末張巂的《崖州志》則楠木分五種：香楠（一名端正樹）、綠楠（一名鸚哥楠）、苦子楠、油楠、八角楠。

四種說或五種說帶有明顯的地方局限性，有些並不是我們所談的楠木。

## (3) 行業內分類

今傳統家具行或收藏界、文博學術界認為楠木分三類，即香楠、金絲楠、水楠。

⑮【滇潤楠】滇潤楠別稱白香樟、鐵香樟、滇楠。此為雲南昆明市黑龍潭龍泉觀東側的滇潤楠，明代中葉所植，樹齡約450年左右。

⑯【滇潤楠樹皮】滇潤楠多高大粗壯，樹皮灰褐色，淺縱裂，表面呈片狀剝落。

⑰【滇潤楠樹根】滇潤楠與其它樟科樹木不一樣，根系發達如織網羅陳，面積可達數十平方米，根長者可達20—30米。

⑱【大果楠樹葉】雲南大果楠樹葉，狹長形如船槳，長約15-20厘米。

⑲【貴州楨楠】長約9米，尾徑1.6米的貴州楨楠。操鋸手為北京梓慶山房大木工潘啟富。

何為"香楠"？清代郝玉麟在《廣東通志》裏記載："香楠木，幹極端偉，一名端正樹。亭亭直上，若幢蓋然。膚有花文，色黃綠而細膩，剖之香辣。多產崖州。"屈大均《廣東新語》描述更詳細："有日香楠，產崖州。童童若幢蓋，亭擢而上，枝枝相避，葉葉相讓，幹甚端偉，一名端正樹。膚有花紋，色黃綠而細膩。""香楠有紫貝、金釵之名。金釵色黃赤，紫貝黃中帶綠，皆香辣細潤。"《崖州志》稱："香楠，幹極端偉，一名端正樹，色黃，質膩，油可燃燒，隆起花紋。剖之，香辣撲鼻。"也有人認為香楠為產於雲南之岩樟（Cinnamomum saxatile）或產於海南之卵葉樟（Cinnamomum rigidissimum）。而陳嶸編著的《中國樹木分類學》認為香楠（Machilus odoratissima）係潤楠屬的一個樹種，別名"假樟樹"，產於海南島。還有人認為所謂"香楠"即楠木中之芳香者，並不一定具有金絲。故從嚴格意義上講，真正的香楠應該是產於海南島者。

何謂"金絲楠"？即楠木中心材含有耀眼的金絲者，其金絲細如毛髮、綿密有序而無空白。生長在野外的楠木，如剝下一小塊樹皮，其背面即接近邊材的部分在陽光下可見金絲者便為金絲楠木。已為枯立木或採伐時間較長，表面腐朽者，從木材表面或從刀削面可看到金絲者即金絲楠木。金絲楠木的判別並不難，但首先要肯定是楠木，然後再看其他特徵才能下結論。

關於金絲楠的定義與範圍界定，爭論比較大，歸納起來主要有五種：

其一，獨種說。金絲楠即指楨楠（Phoebe zhennan）。

其二，三種說。金絲楠多為楨楠、雅楠（亦稱滇楠）及紫楠（Phoebe sheareri）。《中國樹木分類學》記載：雅楠"產雲南及四川雅安、灌縣一帶，為普通之楠木，尤以在雅安深山中常成為廣漠之天然林，尤樹幹端偉材質優良，勝於他楠。"而紫楠又有紫金楠、金心楠、金絲楠之稱。多產於浙江、安徽、江西及江蘇南部，"小喬木或有時為大喬木。"

其三，單屬說。凡楨楠屬之木材均可稱為金絲楠。

其四，雙屬說。金絲楠係楨楠屬與潤楠屬之木材中含有金絲者。

其五，多屬多種說。代表人物為中國著名木材學家唐燿先生，其觀點主要指"商用楠木"的範圍，而未明確"金絲楠"之範圍。當今有人藉用唐燿之觀點來套用金絲楠之範圍，也有人按金絲所佔楠木板材的比例來界定，這不僅過於機械，也不利於實際操作。

何謂"水楠"？即楠木中香味淡、無金絲、材色淺或灰白、發乾及少油者。水楠多出自潤楠屬，也可能出自樟科其他屬之木材或近似於楠木的非樟科之木材。水楠較少用於宮廷家具裝飾，而多用於一般建築或民用家具。

目前市場上流行的楠木，有很大一部分採用木蘭科樹種以替代楠木，如緬甸的木蓮（Manglietia fordiana Oliv. 別稱：黑心木蓮）、黃蘭（Michelia champaca L. 別稱：黃心楠）等，此類木材在裝飾業也被稱為"金絲柚"。其木材特徵極似國產楠木，表面為淺黃帶綠，製成家具後很難辨識。但出材率高，無香味，耐蟲耐腐性差，無金絲楠生動多變的美麗花紋。另外，近 10 年來，產於南美的一些近似於楠木的木材也被大量進口，特別集中於江浙滬一帶，這些木材也有少量金絲，香味較淡，與國產楠木特別是金絲楠較難區別。

⑳【黃蘭心材】黃蘭心材咖啡色寬紋，材色多數呈土黃色，根部紋理極美，透明度好，亦易與楠木相
　　混，故市場上也以"金絲楠"相稱。

㉑【黃蘭原木】產於緬甸的黃蘭原木，端頭呈紫褐色，與產於中國的楠木極易分辨。（雲南騰沖滇灘
　　邊貿貨場）

# 木材應用

## (1) 主要用途

**建築用材**：主要用於宮殿、寺廟、民舍等建築之立柱及其他構件。楠木的比重適中，其絲順直，承重性能好，且木材自然乾燥、排水性能好，油性重不易開裂、耐腐、抗潮、防蟲，均是其作為最佳建築用材的必要條件。例如，"十三陵"中明成祖長陵祾恩殿之樑、柱、枋、斗拱等大小構件均為優質楠木加工而成。大殿由 60 根楠木支撐，其中 32 根重簷金柱高 12.58 米，底部直徑均為 1 米左右，至今已近 600 年仍絲毫未損。另外，四川的許多寺廟、祠堂、民房等古建築也多用楠木。

**造船**：史載，唐武宗會昌二年（842 年），商人李處人在日本九州

長崎縣值嘉島用三個月時間打造楠木大船。《明會典》記載："四百料糧船一隻合用：底板楠木三根，棧板楠木三根，出腳楠木一根，樑頭雜木三根，前後伏獅、拿獅雜木二根，草鞋底榆木一根，封頭楠木連三方一塊，封梢楠木短方一塊，桅腳樑雜木一段，面樑楠木連二方一塊……。"

**內簷裝飾**：北京故宮、恭王府及頤和園等許多皇家建築的內簷裝飾多採用楠木，如故宮倦勤齋的槅扇、炕罩裙板之內胎、門罩、樓梯及樓梯扶手、欄杆均採用金絲楠木。《圓明園內硬木裝修現行則例》中有大量使用楠木的記錄，如澤蘭堂、法慧寺、正覺寺、海晏堂等處，均有楠木建築構件、雕像、佛塔或匾額等。楠木為暖色、為陰木，遇冷熱而不開裂、變形，能阻擋風雨的侵蝕等優點，均是其被廣泛用於內簷裝飾的原因。

㉒【長陵祾恩殿】"十三陵"指十三座明代皇陵，位於北京昌平天壽山麓。其中長陵是明成祖朱棣的陵寢，此圖為其祾恩殿內部的楠木立柱及楠木結構，距今約 600 年仍完好無損。

㉓【楠木建築構件】四川、貴州及湖南、湖北的楠木民居、祠堂、寺廟有如海南黃花黎民居一樣，幾乎均被拆毀用於交易。此圖之楠木建築構件，源於四川雅安的祠堂，上面寫有捐款人姓名、銀兩數量。

家具：楠木作為家具材料的使用是十分講究與慎重的。因為楠木的優點明顯，缺點也十分明顯。楠木縱向承重較差，且色溫而多美麗花紋，特別是楠木瘿，用得好是優點，反之則為惡俗。一般有美麗花紋者適於椅類靠板鑲嵌，製作桌案心、櫃門心、官皮箱的門心板，而不適於製作整件家具。楠木很少用於椅、案、桌之整件製作，除了承重方面的考慮外，其淺黃泛綠的本色顯得輕飄，視覺上難以讓人悅服也是原因之一。如果用紫檀、烏木或其他比重較大、色深之硬木相配，則比例輕重適宜，色差明顯而悅目。楠木香淡而雅，具君子之風度，故書函、畫櫃、書架、衣櫃及其他用於封閉置放物品的器具最宜採用。適當地陳設楠木家具，可起到調和陰陽、改變視覺單一、調節室內空氣之效果，但不可多、不可亂、不可俗。

壽材：楠木、杉木、柏木、檜木多用於壽材，除迷信因素外，主要與其防濕、防蟲及內具芳香油而不易腐爛的特性有關。明代謝肇淛《五雜俎》云："枬木生楚、蜀者，深山窮谷，不知年歲，百丈之幹半埋沙土，故截以為棺，謂之'沙板'。佳者解之中有文理，堅如鐵石。試之者以暑月作合，盛生肉，經數宿啟之，色不變也。然一棺之直，皆百金以上矣。夫葬欲其速朽也，今乃以不朽為貴，使骨肉不得復歸於土，魂魄安乎？或以木之佳者，水不能腐，蟻不能穴，故為貴耳，然終俗人之見也。"

神話傳說：民間一直傳說楠木有避邪鎮宅的作用，關於楠木的神話傳說在文獻中也有許多記載。明代張岱在《夜航船》中稱楠木為"神木"："永樂四年，採楠木於沐川，方欲開道以出之，一夕，楠木自移數里，因封其山為神木山。"《明史》、《明一統志》也有類似記載。另，相傳北京城之五大鎮物其一即為東方（木）廣渠門外皇木廠（今黃木廠）的巨楠。

藥用：古代文獻中對楠木及其枝、葉、花、果之外部特徵、藥用價值進行了記述。唐代陳藏器稱楠木"味苦、溫、無毒"；萬安《大明一統志》則謂楠木"熱，微毒"，並附有楠木可治水腫的藥方。李時珍《本草綱目》曰："實似丁香，色青，不可食。氣味辛，微溫，無毒。主治：霍亂，吐下不止，轉筋及足腫，其皮暖胃正氣。"

### (2) 楠木家具的承重

因楠木的比重等特性，作為承重的家具極易影響其耐磨及使用壽命，故選擇楠木製作家具特別是承重的構件，首先應考慮這一因素。

### (3) 楠木的雕刻

楠木的比重多在 0.55 左右，不宜於細雕，難以準確、細膩地表現人物、情感、花草的風姿，不過比重較大的、無美紋者可以適當用於雕刻。據檔案史料及老照片記錄，在圓明園（綺春園）正覺寺大殿有楠木雕三世佛造像，文殊亭有楠木雕文殊菩薩騎獅造像。

### (4) 與其他木材的搭配

無論楠木家具或其他器物，都須考慮與深色硬木的合理搭配，材色、花紋必須符合審美的要求。書架、書函、書箱、畫櫃也有全用楠木製作的，有的書架之擱板用楠木，其餘全部用硬木，除了美觀外，也考慮到承重的問題。雍正時期，楠木或楠木癭多與紫檀、花梨木、烏木、杉木、柏木等搭配成器。由於楠木之特性，在建築或家具製作中也常作為包鑲之內胎或外包之材料。如故宮大殿內之立柱外包楠木，內胎則為黃花松或其他木材。內簷裝飾或紫檀、黃花黎、烏木等包鑲家具之內胎多用輕質而不易伸縮之楠木，不僅解決了硬木材性剛烈之患，節約了珍稀硬木，在很大程度上也是高超、繁複之工藝表現。如雍正年間的楠木包鑲書格、楠木胎糊紅紙吊屏、楠木胎紅漆大香几等。漆器之內胎大量採用楠木、杉木、松木、柏木，也是楠木的主要用途之一。另外，從遺存的明清家具來看，楠木也多用於抽屜板、櫃類之側板、頂箱板或背板，除了節省木材外，也有防潮、防蟲之作用。

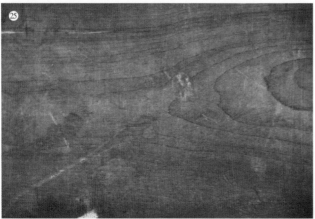

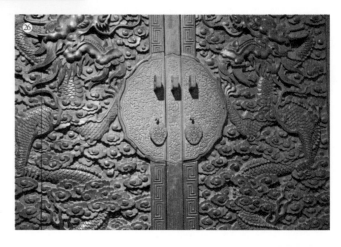

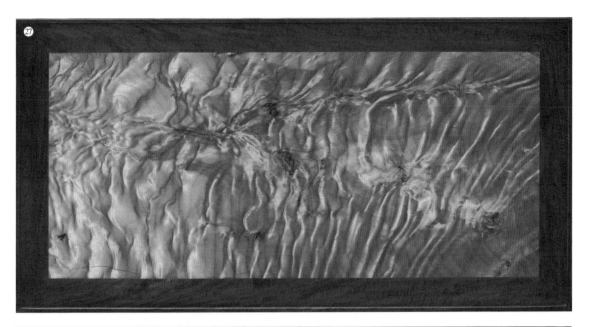

㉔【清早期・楠木翹頭案局部】楠木比重大者約 0.8g/cm³，宜於細微雕刻。此圖為翹頭案腿、牙局
　部，木色近褐，花卉紋及起線清晰流暢，從其表面之光澤與包漿來看，應屬比重較大的楠木。（收
　藏：北京　張旭）

㉕【明・楠木圓角櫃局部】

㉖【北京龍順成藏清代楠木雕龍紋櫃局部】

㉗【紫檀楠木瘿心帶霸王根長方香几之几面】（製作與工藝：北京梓慶山房）

㉘【楠木瘿四拼方桌桌面心】（標本：福建泉州陳華平）

㉚【出土的漢代楠木平頭案】(北京私人收藏)
㉛【紫檀楠木面架几案】(製作與工藝：北京梓慶山房)

## (5) 採伐、運輸、堆碼、乾燥與貯存

**採伐：**楠木為國家二級或三級保護樹種，沒有取得合法的採伐許可證與相關法律文件，是禁止採伐的。歷史上採伐楠木的方法有很多種，如用手鋸、長鏟或斧頭、火燒、爆炸，而比較合適與可行的方法還是先將樹苑周圍泥土清掉，清除泥土的範圍與深度視楠木的主根及旁根的大小與深度而定，一般泥坑的半徑在 2-3 米，用斧頭、鏟或砍刀斬根，事先用繩子繫於根幹以控制楠木倒放方向，以免傷害其他正在生長的樹木，也可防止樹木震顫而造成開裂或內傷，還可以提高楠木採伐速度。

**運輸：**楠木多直絲，易開裂，故新伐原木兩端應封蠟或毛邊紙，封乳膠漆也是一種方法。運輸時應注意避免劇烈碰撞以防止端部開裂。

**開鋸：**大原木適宜弦切，如有大的活的疤節，不能從疤節中間開鋸，應與從疤節平行方向開鋸，才可能得到板面較大的完整花紋，

㉜【開鋸前的檢查】楠木性脆易裂，採伐後在有裂紋處釘有 S 形鐵釘，開鋸前須認真檢查。（資料提供：北京梓慶山房）

㉝【開鋸前的調整】依據楠木外表瘦色及其它特徵，調整開鋸之部位。

㉞【開鋸前的調整】在楠木開鋸前，應將其調整至最佳位置。

便於大器之完成。開鋸前應反復識別，判斷其紋理走向，如原木中間有死節或蟲眼、空洞，則要十分注意由此所產生的後果。如果徑級較大的原木中間形成通透的朽洞，其未腐朽部分很有可能會產生水波紋或"滿眼葡萄"。原木表面平滑無節，並不表示心材不具美麗花紋，可以從中一破為二，也可弦切以探究花紋。楠木易撕裂，如果有徑裂，則應從徑裂紋重疊處平行開鋸，而不能與徑裂紋交叉即從中間開鋸，不然難以得到完整的大板。另外，儘量保證有徑裂之楠木紋理順直，便於家具的邊、腿之利用。開鋸後板面會留有較薄一層潮濕的鋸末，一定要及時清掃乾淨，以免黴變影響材色、材質。

**乾燥**：楠木不宜採用人工窯乾的方法，極易變形、開裂，如果端頭已開裂，其裂紋可能會進一步放大、延伸。除了事先植入 S 釘或其他固定裝置外，厚板應用石灰吸濕或室內陰乾的方法。

**貯存**：乾燥後的楠木應放在較乾燥的室內，不宜存放在室外或敞篷內。楠木板材應離地面 50 厘米高以上，並按不同的規格分別堆碼，每層板均應置放規格一致的標準木條，以便通風、除濕，保證每片板平直而不發生翹曲、扭曲。另外，根據室內通風條件，端部應避免直接迎風而造成進一步開裂和損壞，臨時存放在露天和敞篷內，則更應注意這一點。


### (6) 楠木乾燥後的伸縮

　　楠木乾燥在未達到合理要求時，伸縮性較大，但不一定開裂，這是與其他木材不一樣的地方。老的房料、舊家具料的乾燥程度並不一定能達到家具製作的要求。所以，按照一定尺寸開料後，最好自然乾燥一段時間或者低溫窯乾。楠木板材自然乾燥時間越長，通風越好，其穩定性就越好。下料時要根據實際乾燥度及相關尺寸留出餘量，以便家具部件隨着不同季節而合理、有序伸縮。

### (7) 陰沉木中楠木的利用

　　近十年來，四川的岷江、金沙江及貴州的烏江、廣西的柳州等地從河道或田地、山腳挖出不少陰沉木，數量較大的便是楠木，有的已經碳化而無法使用，有的還保持木材之特質，可以用於家具、裝飾或其他器物的製作。不過，楠木陰沉木易開裂、乾燥難。人工乾燥時容易翹曲、開裂或碎裂，出材率極低，故應採用陰乾的方法。也有人會將其立於室外，任由風吹、日曬、雨淋，經過一年左右再取其完整部分製作家具。

　　陰沉木的另一特徵便是顏色較深或深淺不一，特別是楠木鋸開後很快呈深咖啡色或近似醬黑色。有人會抹檸檬黃或用雙氧水浸泡以改變其顏色，使其儘量接近楠木的正常顏色。楠木陰沉木經加工處理後更加細膩、光潔，遇有美麗花紋者比一般楠木更為生動誘人，特別是手感與視覺效果均強於一般楠木，這也是其優點與價格奇高之原因。陰沉木之楠木癭或帶水波紋者，可用於櫃門心、桌案心或其他器物的鑲嵌，如與紫檀、烏木或其他深色硬木，與之相配的木材材色要求較深，暖色木材不太適宜。

❸❺

❸❺【楠木陰沉木】四川岷江的楠木陰沉木，表面已高度碳化。

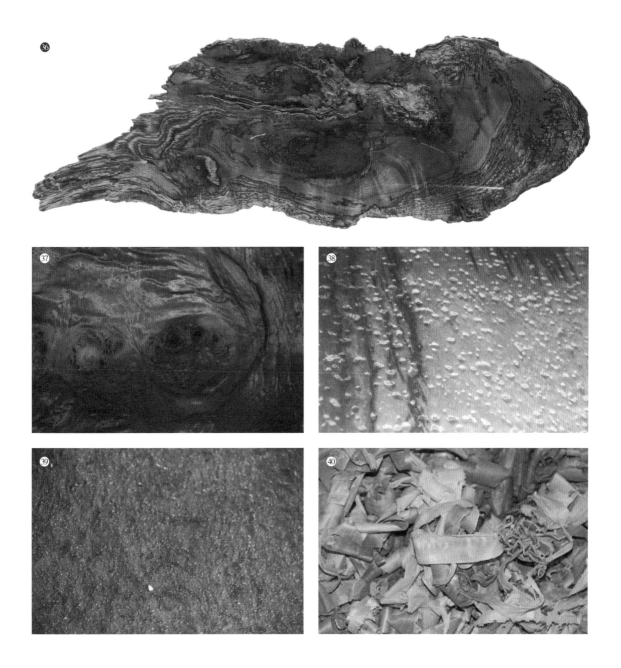

㊱【楠木陰沉木瘿切面】（標本：北京梓慶山房）

㊲【楠木陰沉木瘿紋】成器後的楠木陰沉木瘿紋，紋理雖美，但陰鬱暗淡，色澤不一，雜色較多。

㊳【楠木陰沉木雨滴紋】成器後的楠木陰沉木雨滴紋。夾雜其間的紫褐色花紋，只見於陰沉木，在楠
　　木新伐材和舊料中少見。

㊴【楠木陰沉木木屑】從木屑顏色與形狀看，此陰沉木碳化程度很高，一般不宜於家具等器物的製作。

㊵【楠木陰沉木刨花】刨花自捲而色淺，說明其木性並未發生質的變化，可用於器物的製作。

# 十六、陰沉木
## Yinchen Wood

**學名**　**中文**：陰沉木

**別稱**　**中文**：陰沉、古木、古沉木、古船木、陰杪、木變石、硅化木、樹化玉、樹化石、烏木、沉江木

　　　　**英文**：Yinchen Wood

**產地**　世界各地均有分佈。我國主產區為四川的岷江、金沙江，廣西的桂林、柳州，貴州的烏江，海南島南渡江，東北的松花江等地均有發現，新疆沉埋於沙漠中的胡楊、雲杉、柏木、梭梭樹、松木等也屬於陰沉木。

**釋名**　關於陰沉木的概念及來源，歷史上有多種認識。

**地質運動**：《辭海》認為："木材因地層變動而久埋入土中者，稱為陰沉木，也叫陰杪。一般多為杉木，質堅耐久，舊時以之為做棺木的貴重木料。"清代檀萃著《滇海虞衡志》描述雲南所產楠木："蓋滇多地震，地裂盡開，兩旁之木震而倒下，旋即復合如平地，林木人居皆不見，閱千年化為煤，掘煤者得木板煤，往往有刀剪器物。或得此木，謂之陰沉木。以製什物，尤珍貴之。"清代徐珂《清稗類鈔》記載："陰沉木為施南府屬山中產物，必掘地始得之，蓋日久而陷入地也。質香而輕，體柔膩，以指甲掐之，即有掐紋，少頃復合，如奇楠。"

**木變石**：明代張岱《陶庵夢憶》稱："松花石，大父昪自瀟湘署中。石在江口神祠，土人割牲饗神，以毛血灑石上為恭敬，血漬毛氄，幾不見石。大父昪入署，親自祓濯，呼為'石丈'，有《松花石紀》。今棄階下，載花缸，不稱使。余嫌其輪困臃腫，失松理，不若董文簡家茁錯二松橛，節理槎枒，皮斷猶附，視此更勝。大父石上磨崖銘之曰：'爾昔鬖而鼓兮，松也；爾今脫而骨兮，石也；爾形可使代兮，貞勿易也；爾視余笑兮，莫余逆也。'其見寶如此。"清代西清《黑龍江外記》記載："松入黑龍江，歲久化為青石，號安石，俗呼木變石，中為磋，可發箭鏃。"

**河海沉沙之木**：北宋蘇洵《木假山記》講述了"脫泥沙而遠斧斤"之木用於庭院假山，從而引出莊子的"有用與無用"的哲學命題。"木之生，或蘗而殤，或拱而夭。幸而至於任為棟樑則伐，不幸而為風之所拔、水之所漂，或破折或腐。幸而得不破折、不腐，則為人之所材，而有斧斤之患。其最幸者，漂沉汨沒於湍沙之間，不知其幾百年，而其激射齧食之餘，或彷彿於山者，則為好事者取去，強之以為山，然後可以脫泥沙而遠斧斤。而荒江之濱，如此者幾何？不為好事者所見，而為樵夫野人所薪者何可勝數？則其最幸者之中又有不幸者焉！"張岱《夜航船》說到"天河槎"："橫州橫槎江上有一枯槎，

枝幹扶疏，堅如鐵石，其色類漆，黑光照人，橫於灘上。傳云天河所流也。一名槎浦。”在《陶庵夢憶》中還講到一則“木猶龍”的故事：“木龍出遼海，為風濤漱擊，形如巨浪跳蹴，遍體多著波紋，常開平王得之遼東，輦至京。開平第燬，謂木龍炭矣。及發瓦礫，見木龍埋入地數尺，火不及，驚異之，遂呼為龍。”後張岱祖先得此木傳為世寶，當時的名流以“木猶龍”、“木寓龍”、“海槎”、“槎浪”、“陸槎”命名之。

綜上可知：所謂陰沉木，是由於地質災害或其他原因而埋入地下，且經數百年沉浸的各種木材（未碳化或部分碳化）；自然倒伏、枯立或人工采伐後遺棄於山野的樹木；由木材變化而成的樹化石或樹化玉的總稱。也有人認為從木材學角度講，樹化石或稱硅化木、樹化玉則應排除在外，不應算作陰沉木，而應另闢門類。

① 【林芝陰沉木】西藏林芝林區伐後遺留在山林中的陰沉木，樹木長滿青苔、野花，如為紅心松或柏類樹木，其心材應可利用。（攝影：崔憶）

② 【已玉化的老紅木】（收藏：寸建強）

③【金沙遺址楠木陰沉木】四川成都市金沙遺址出土的楠木陰沉木，博物館東南角建有近百根陰沉木組成的陰沉木公園。經碳 14 測定，距今約 3000-10000 年。

④【新疆天山北麓木壘縣枯而不朽的胡楊林】（攝影：馬燕寧）

⑤【柚木陰沉木】緬甸伊洛瓦底江出水的柚木，距今約 150 年左右。當時的柚木主要出口至印度、英國，緬甸柚木自 16 世紀起，多用於軍艦、遊艇、別墅及建築裝飾、家具。（資料提供：李忠恕）

⑥【烏木陰沉木】南海出水的烏木，源於斯里蘭卡、印度。

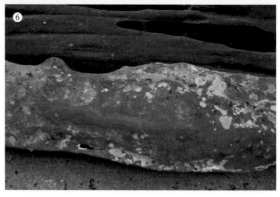

# 木材特徵

（1）陰沉木都會有一定程度的碳化，出水或出土時比較完整，但與空氣、陽光接觸後便開始龜裂，其深度與範圍視其樹種、年代、所處環境的差異而不同。龜裂或呈粉末狀脫落的程度也就是陰沉木碳化的程度，碳化程度越高，其木材屬性越不明顯，可利用的部分就越小。

（2）陰沉木因原有樹種的比重、吸收外界物質的程度及所處的環境不同，其所含有益或有害物質、放射性物質的程度也不一樣，即使同一樹種也會因上述因素而產生差異。

（3）陰沉木深埋於泥土、礦牀或深水之下，長期與陽光、空氣隔絕，其物理特性、化學成分會發生變化，顏色、比重會與原木材有明顯不同。如顏色會變化為深褐色、黑灰或烏黑色，也有的陰沉木如楠木鋸開時還有楠木本來的顏色與特徵，但氧化後很快會變成咖啡色或深褐色，泛淺綠或暗黃。

（4）陰沉木原有的管孔被其他物質擠佔、堵塞，或已改變了原有木材的本性，乾燥時會十分困難，易出現翹曲、炸裂、自然粉碎及返潮、含水率不均勻等極端現象。

（5）陰沉木一般為油性強或含芳香物質的木材，如楠木、桐木、櫟木、苦梓、柏木、椆木、錐木、杉木、雲杉、鐵杉、檜木、柚木、花梨、坤甸、樟木、格木、紅椿等。正因如此，其打磨及燙蠟後會呈現表面如鏡、滑膩如玉的效果。

⑦【因腐朽而分裂的樹樁】（攝影：崔憶）
⑧【龜裂且碳化程度極高的楠木陰沉木】
⑨【表面已呈絮狀的楠木陰沉木】

# 木材分類

| | |
|---|---|
| 地質災害掩埋的樹木 | 沉入江河之中的木材<br>掩埋於山坡或田野的木材 |
| 沉入海洋或海灘的木材 | 沉船（多楠木、樟木、格木、柚木、坤甸、娑羅雙）<br>進出口木材沉入海底或沙灘（多烏木、紅木、蘇木）<br>由陸地或江河漂流入海的木材 |
| 棺槨 | 埋入地下的棺槨（多為楠木、柏木、杉木、栗木）<br>懸棺（多用楠木，散見於四川、重慶長江沿岸） |
| 自然倒伏、枯立或人工採伐後遺棄於山野的樹木 | |
| 　樹化石 | 硅化木<br>樹化玉 |

⑩【楠木棺材】一木整挖的楠木棺材，長度為 4－6 米，多見於四川、貴州等地。湖南、湖北及福建等地也有遺存。

⑪【海南五指山自然倒伏的樹木】

⑫【海南省萬寧市石梅灣海灘上的陰沉木】

⑬【深圳植物園的硅化木】

⑭【雲南昆明滇池的柳樹樹椿】

# 木材應用

## （1）主要用途

**科學研究**：用於地質災害、水文、森林地理分佈及植物地理方面的研究。《樹木年輪水文學研究與應用》一書指出"樹木年輪，不僅是時間尺度的記錄，更是科學信息的寶庫。在每一輪跡中，都蘊藏着自然環境以至人為活動影響的信息鏈，濃縮在每一年輪生殖細胞排列組合中。"用碳14的方法可測出陰沉木或硅化木的生長年代，從而準確地分析陰沉木出土之特定地區的森林分佈歷史、氣候變化與水文地質情況。正是如此，才會誕生"樹木年輪氣候學"、"樹木年輪水文學"等新興學科。陰沉木在這方面所提供的是第一手的、原始而又鮮活的珍貴資料。

**醫用**：我國的本草類著作，如唐代陳藏器的《本草拾遺》、明代李時珍《本草綱目》等有關陰沉木藥用的記述較多。"城東腐木"即城東古木在土中腐爛者，一名地主。"主鬼氣心痛，酒煮一合服。""蜈蚣咬者，取腐木漬汁涂之，亦可研末和醋傅之。""凡手足掣痛，不仁不隨者，朽木煮湯，熱漬痛處，甚良。"在談到棺木即"古櫬木"時，"主鬼氣、注杵、中惡、心腹痛，背急氣喘、惡夢悸，常為鬼神所祟撓者。水及酒和東引桃枝煎服，當得吐下。"

**製作古琴、家具等**：目前還沒有發現古代用陰沉木製作家具的記載，只有製琴或其他把玩類小器物的記錄。如陳藏器稱"古櫬板"："古塚中棺木也，彌古者佳，杉材最良，千歲通神，宜作琴底。"除杉木外，古桐木也是製作古琴的良材。近年來也有一些人將其用於家具及文房用具的製作。

**根雕或景觀**：陰沉木用於根雕的歷史不超過二十年，古代很少將其用於根雕。庭院、公園及其他公共場所也有將其作為景觀存設者，如四川金沙遺址公園中的"烏木林"（四川稱陰沉木為"烏木"）。

棺槨：我國歷史上很早就有將陰沉木用於棺槨的記錄，因其處理後不腐不裂，且耐潮防蟲，是棺槨製作的理想材料。

### （2）協調陰陽

陰沉木屬陰木，在室內少量使用陰沉木家具或其他器物，可以起到陰陽協調的作用。

### （3）陰沉木的檢測與選擇

陰沉木種類與來源複雜，製作家具前應逐一檢查陰沉木的有害物質種類、含量及放射性物質是否超過國家規定的正常標準。棺材板以及含有對人體有害的放射性物質的木材，不宜製作家具。

### （4）碳化者不宜承重

陰沉木表面多已碳化，其木材的物理、化學性質已改變，多數已失其自性，尤其是承重方面應特別注意。

### （5）硅化木及樹化玉

硅化木及樹化玉作為家具材料（如茶几、桌面、案面），除考慮承重因素外，也應考慮放射性物質的檢測，一般宜於裝點庭院或室外使用，不宜過多陳設於相對封閉的室內。

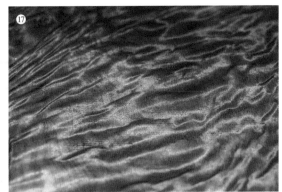

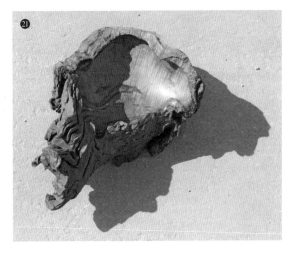

⑮【陰沉木板材】呈烏黑色的楠木陰沉木板材，一般要經過化
　學處理才能接近楠木原色。

⑯【加工後的楠木陰沉木】

⑰【加工後的楠木陰沉木】（標本：陳華平）

⑱【雲南西南部櫟木車輪】

⑲【金沙遺址的"烏木林"】

⑳【檜木陰沉木】台灣阿里山的檜木樹苑，一般不易腐朽，遺
　於山中任由雜草叢生，即成景觀。（攝影：吳體剛）

㉑【雲南紫油木陰沉木果盤工藝品】

㉒【陰沉木雕蓮花生大師】蓮花生大師為印度佛教高僧，公元 8 世紀赴吐蕃弘法，是藏傳佛教的主要奠基者，寧瑪派祖師。（中國工藝美術大師 童永全，四川成都）

# 十七、柚木

## Teak

**學名**　中文：柚木

　　　拉丁文：Tectona grandis Linn.

**別稱**　中文：胭脂樹、紫柚木、埋尚、埋沙（雲南）、麻栗（台灣）

　　　英文或土語：

| 國別 | 緬甸 | 越南 | 泰國 | 老撾 | 西班牙 | 印尼 | 印度 | 通用 |
|------|------|------|------|------|--------|------|------|------|
| 名稱 | Kyun | Giati | Maisak | Teck | Teca | Jati | Sagwan, Sag, Tegina, Pahi | Teak |

**科屬**　馬鞭草科（VERBENACEAE）　柚木屬（Tectona）

**產地**　原產地：印度、緬甸、泰國、印尼、菲律賓

　　　引種地：中國及其他熱帶國家。我國引種柚木的歷史並不長，最早為鴉片戰爭前後有人將柚木引入雲南之德宏、西雙版納等地。1900 年引種於台灣高雄。民國初年廣東、廣西開始種植。1920 年廈門天馬、1938 年海南島開始引種。

**釋名**　因其心材富集天然油質，新鮮鋸末手捏成團而不鬆散，故名柚木。柚木有兩個種，Tectona grandis Linn. 最為著名。印度還有一種稱 Tectona hamiltoniana Wall. 在習慣稱謂上即有 "Teak" 與 "Dahat" 之區分，分別代表這兩種木材。《馬來西亞商用木材性質和用途》一書認為："柚木（Tectona grandis）係唯一的真柚木（true teak）。不應與某些其他木材如所謂婆羅洲柚木（Borneo teak）、文萊柚木（Brune teak）及羅德西亞柚木（Rhodesian teak）相混，這些木材稍有柚木特徵而相當不同。" 故此，這裏我們只討論 Tectona grandis Linn，即 "Teak"。

① 【柚木樹】生長於緬甸撣邦高原山脊上的柚木

②【樹葉】柚木樹葉,葉如蒲扇,葉長可達 70 厘米。

③【老撾柚木樹】老撾沙耶武里芒南縣的柚木林常設祭台,供奉山神以保佑一方平安與富裕。

④【老撾柚木】芒南縣的柚木從生長之初便受到紅螞蟻、黑螞蟻的侵害,從根部開始沿樹幹上行,滿身黃土、蟲道與蟲屎,這也是老撾柚木心材多蟲道與蟲孔的主要原因。

# 木材特徵

唐燿先生已將產於印度與緬甸之柚木特徵描述得非常清楚。緬甸柚木一般生長在平原和低丘陵的落葉混交林中，通常在海拔920米以下的低丘陵地帶。緬甸木材公司 (MTE) 於 1992 年所編 *"Some Common Commercial Hardwoods of Myanmar"* 一書中對緬甸柚木的基本特徵做了十分詳細的論述，此處摘引部分內容：

**顏色：** 一般為暗金黃色。隨着樹齡的增長，會變成褐色或暗褐色。木材的顏色和標號隨地理條件的不同而變異很大。緬甸最好的柚木生長於勃固 (Bogo)、約瑪 (Yoma) 地區和上緬甸 (Upper Burma) 的森林中。一般都是呈均勻的金色，偶爾也有較暗的條紋。生長在乾旱地區的柚木顏色較暗，一般都帶有較暗且寬的波狀條紋，令木材的外表顯得特別漂亮。在緬甸其他地區也有灰褐色的柚木。人工林與天然林柚木的特性極其相似，不過人工林柚木的顏色較淺且較黃，邊材的顏色從白色到淡黃褐色，條紋從窄到中等寬度。這種木材能聞到一股明顯的油漬味，同時還有一股特別濃烈的特殊氣味。

**紋理：** 一般較直，如果生長在乾旱地區，其紋理一般呈波浪狀。大多數紋理結構極粗且不均勻。

**比重：** 濕材 $0.58g/cm^3$，氣乾材 $0.586g/cm^3$。

⑤【緬甸金黃色柚木的端面】

⑥【緬甸柚木紋理】

⑦【端面】緬甸柚木紋理細密、均勻的端面。

⑧【鑿痕】專門用於檢查柚木品質的圓弧形鋼鑿留下的痕跡，可以分析柚木的年輪、油性、色澤、雜
　質等指標。（仰光）

# 木材分類

柚木的分類與分級是一個世界性的難題。歷史上中國、緬甸、印度與西方國家均有不同的分類與分級方法，繁簡不一，標準不同。

## (1) 唐燿的兩種分類方法

### 方法一

| | | |
|---|---|---|
| 印度所稱之柚木 | Tectona grandis Linn | 為顯著之環孔材，春材孔大，心材色深，金黃色至褐色或深褐色，至略黑色；含油分，有顯著氣味。 |
| | Tectona hamiltoniana wall | 略成環孔材，春材孔小，在肉眼下不顯著，心材淡灰褐色，是不勻之心材；不含油分，無顯著氣味。 |

### 方法二

| | | |
|---|---|---|
| 印度、緬甸所產之 Tectona grandis Linn | 第一類 | 心材金黃褐色而勻，與年俱深；紋理直行而勻，若非依徑而鋸下，具甚少之斑點，否則春材顯淺色之波浪線。此類為緬甸及印度西岸所產上乘之柚木。 |
| | 第二類 | 產於印度中部乾燥地帶，紋理較不直，材略硬，色較深，常有較深之浪形條斑，木材外形美觀。 |
| | 第三類 | 柱形小材，紋理粗，材色為均勻之灰褐色。 |
| | 第四類 | 人造林所產之柚木，與第一類相似，但材質輕而色較黃。緬甸人造林柚木之性質，較印度所產者更似第一類。 |

⑨【柚木的生長環境】這是緬甸撣邦高原 Lin Khae 山野生柚木分佈區域，可見薄土層下的堅石。

⑩【心材具有深紫色紋理的優質柚木】

⑪【柚木方材】特級柚木大方,帶黑筋,已除髓心。(資料提供:李忠恕)

⑫【泰柚陰沉木】泰國清盛的柚木陰沉木,紋理清晰,層次分明。(標本:泰國 楊明)

⑬【瓦城料原木】

⑭【瓦城料方材】

⑮【臘戌柚木】產於緬甸臘戌附近的柚木原料端面,蟲孔明顯。

## (2) 緬甸政府柚木原木按生長區域分級方法

| 特級 (Special) | | | I 級 (GRADE I) | | | II 級 (GRADE II) | | | III 級 (GRADE III) | | |
|---|---|---|---|---|---|---|---|---|---|---|---|
| 標號 | 地區 | 省 | 標號 | 地區 | 省 | 標號 | 地區 | 省 | 標號 | 地區 | 省 |
| J | 甘高<br>Gan Gaw | 馬圭省 | O | 東敦枝<br>Taundwingyi | 馬圭省 | U | 只光<br>Zigon | 勃固省 | R | 興實達<br>Hinthada | 伊洛瓦<br>底省 |
| JY | 木各具<br>Parorru<br>堯河 Yaw | 曼德勒省 | YA | 彬馬那北<br>N.Pyinmana | 曼德勒省 | V | 伊洛瓦底<br>Thayarwa-dy | 伊洛瓦<br>底省 | F | 茂叻西<br>W.Mawlair | 實皆省 |
| CD | 葛禮<br>Kaie<br>欽敦<br>Chindwin | 實皆省 | K | 彬馬那南<br>S.Pyinmana | 曼德勒省 | | 臘戊<br>Lashio | 撣邦 | E/EK | 茂叻東<br>E.Mawlair | 實皆省 |
| | | | Y | 東籲北<br>N.Taungoo | 勃固省 | L | 菜林<br>Loi-lem | 撣邦 | B | 八莫<br>Bahmaw | 克欽邦 |
| | | | MB | 敏巫<br>Minbu | 馬圭省 | NMDA | 彬烏溫<br>Pyin<br>Oo Lmin | 曼德勒省 | I | 傑沙東<br>E. Katha | 實皆省 |
| | | | P | 阿蘭<br>Aunglan | 馬圭省 | G | 蒙育瓦<br>Monywa | 實皆省 | X | 勃固南<br>S. Bago | 勃固邦 |
| | | | P | 德耶<br>Thayet | 馬圭省 | D | 高林<br>Kawlin | 實皆省 | PN | 巴安<br>Pa An | 克倫邦 |
| | | | Q | 卑謬<br>Pyi | 勃固省 | H | 孟密<br>Momeik | 撣邦 | A | 密支那<br>Myit Kyina | 克欽邦 |
| | | | | 東籲南<br>S.Taungoo | 勃固省 | L | 東枝<br>Taungyi | 撣邦 | | | |
| | | | D | 瑞保<br>Shwebo | 實皆省 | H | 瑞麗江<br>Shweli<br>馬奔<br>Mabein | 撣邦 | | | |
| | | | | | | F | 勃固北 | 勃固省 | | | |
| | | | | | | CS | 傑沙西<br>W.Katha | 實皆省 | | | |

　　從表中可以看出，上等柚木主要集中於緬甸西部、西南部，如實皆省、曼德勒省、馬圭省、勃固省。歐洲尋找上等的柚木一般將眼光集中於緬甸境內北緯 18–22 度之間。特別是克耶邦（KAYAN

STATE）壘固（Loi Kaw）林區往西至馬圭省的德耶林區（Thayet），
做高等級遊艇、刨切材的柚木往往在這一狹窄區域可以得到滿足。

多次往返於緬甸密林深處、實踐經驗十分豐富的任建軍先生
稱"石頭多、水分少的乾旱地區柚木密度大，油質好；生長在山谷
的柚木質量差，山坡或山脊的柚木質量好。"另外，採伐與製材的
方法不同也直接影響柚木的等級。

確定柚木等級的主要因素有六個：木質（密度、鬆軟、輕重），
蟲眼（大小、數量、部位），花紋（清晰、寬窄、均勻），密度（大
小），油性（乾或潤），色澤（乾淨、渾濁、雜色）。特級（Special）
柚木，並不特定於上面表中三種，每年都有調整，一般是從 I 級中
調至特級。特級柚木除了產地因素外，其樹幹修直、飽滿，端頭幾
乎正圓，沒有礦物線及雜質，無節或節少也是重要的標準。

| 等級 | 標準 | 用途 |
|---|---|---|
| I 級 | 樹幹通直，木材底色金黃，紋理清晰、線條明顯且呈黃黑色，蟲眼極少。 | 一般用於遊艇甲板或刨切材 |
| II 級 | 有蟲眼，木材本色偏灰。 | 一般用於鋸材、建築材 |
| III 級 | 蟲眼多，木質鬆，顏色、紋理模糊且不乾淨，材色偏灰，樹幹樹形差。多產於緬北地區，如撣邦、克欽邦，以撣邦臘戍林區的柚木為典型代表。 | |

## （3）緬甸木材公司（MTE）出口柚木原木等級：

| 等級 | 1 | 2 | 3 | 4 | 5 | 6 | 7 | 8 |
|---|---|---|---|---|---|---|---|---|
| 代號 | B | R | | M | Mx | mx | Z | Y |

一般在市場上極少見到 3 級，如有 3 級，也為政府控制，私人
公司是沒有的，故沒有 3 之代號。還有商人將柚木原木分為 16 個

等級，但實際操作十分煩瑣，採用者少。

## （4）按材色分

一些商人從柚木心材的顏色也可分出質量等級。

其一為金柚。這類材色金黃、油質明顯、板面乾淨之柚木，一般用於遊艇及高級會所、宮廷、別墅的建築與裝飾，也用於高檔家具的製作。

其二為黑柚。由於稀少，一般用於藝術裝飾或起點綴作用，如家具、室內及遊艇裝飾、木製藝術品。柚木陰沉木顏色發深，但不能將其歸入黑柚類。

其三為灰柚，也稱白柚。主要指產於緬甸北部油性差、木材表面顏色暗淡的柚木，也包括其他國家和地區人工種植的或品質較差的柚木。主要用於一般建築、家具或農具等。

⑯【黑筋料端面】
⑰【金黃透褐的柚木】
⑱【紋理細密的柚木】
⑲【未打磨的帶黑筋的緬甸柚木】

### (5) 中國雲南、廣東地區的分類與分級

中國雲南、廣東地區對柚木的分類、分級有許多不同方法，最有影響的方法有兩種。

其一，按國別分為泰柚和緬柚。泰柚相當於特級及Ⅰ級柚木，所謂的泰柚，實際產於緬甸與泰國交界處緬甸克耶邦（KAYAN STATE）的壘固（Loi Kaw）林區。這裏盛產標號 KN 的上等柚木，但如今達到 KN 水準的天然林幾乎被採伐殆盡。緬甸克倫邦（KAYIN STATE）北部及勃固省的上等柚木近百年來也不斷流失到泰國，由泰國加工或以原木出口世界各地，故世人誤認為泰柚產於泰國。不過，歷史上泰國確實盛產天然優質柚木，但由於多年毀滅性採伐而近於滅絕，現在多為人工林，天然優質柚木不得不從緬甸進口。緬柚即緬甸所產柚木，其分級較為嚴格，一般品質較差的柚木產於緬甸北部，蟲眼較多、幹形差、油質少、色灰。而心材顏色較暗，近似於深褐色的柚木，產於瀕臨孟加拉灣、緬甸西南部的若開邦（RAKHINE STATE）。

其二，按地區分為瓦城料和南南料。瓦城即緬甸中部的曼德勒（Mandalay），伊洛瓦底江從城西流過，這裏是緬甸古都，水陸交通要道。其周圍地區所產柚木一般水運或陸運至曼德勒，再向南至仰光港出口至世界各地，向北經臘戌至雲南各口岸進入中國。所謂“瓦城料”，一說是指產於伊洛瓦底江中上游地區帶黑筋（即線條呈深色）的上等柚木。這種說法與緬甸優質柚木天然林的分佈區域有些差距；另一說其應是所有上等柚木（特級與Ⅰ級）之集合名詞。瓦城本身並不產柚木，而各地所產柚木集中於瓦城，再由瓦城分流，故而得名。南南料一般指產於緬甸撣邦北部與克欽邦的等級較差的柚木。撣邦臘戌（Lashio）產柚木是南南料之典型代表，幹形差、礦物線多、雜質多，板面不乾淨、油性差。“南南”二字，有人認為指撣邦南部所產之柚木，或謂其品質“爛”之代指。

# 木材應用

柚木耐久性、防蟲害特別是防白蟻、防酸、防水的性能都很好，在水中長期浸泡仍能保持良好的材性。加之強度大、比重適中、加工容易、穩定性好和高貴大氣的色澤、優雅秀美的外表，故其用途極為廣泛。世界上只要可以用到木材的地方，肯定可以找到柚木的身影。正因為如此，柚木又有"木中之王"的美稱。

## (1) 主要用途

**家具：**緬甸及東南亞、南亞地區很多室內、室外家具均採用柚木製做。清末及民國時期，上海用柚木製作了大量的"海派家具"，廣東、海南島也有不少柚木家具，如室外家具沙灘椅、咖啡桌等均採用柚木製作。現在國內特別是廣東和香港等地用柚木製做高檔家具也蔚然成風，但多以現代家具為主。

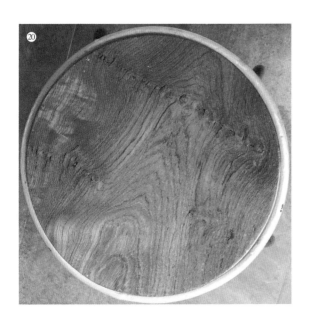

⑳【金黃色柚木之圓凳面】(資料提供：緬甸曼德勒楊宏昌先生)
㉑【柚木有束腰帶托泥五足圓香几】(製作與工藝：北京梓慶山房)

建築或建築雕刻：仰光大金塔的主要用材為柚木，曼德勒的金色宮殿僧院（Shwenandaw Kyaung）及喜迎賓僧院（Shwe In Bin Kyaung），純為柚木所建。建於 1834 年的曼德勒市阿瓦的寶迦雅寺（Bagaya Kyaung），全部由金色的柚木構造，懸空於 267 根柚木立柱之上，故又有"柚木寺"之美稱。曼德勒的緬甸王宮則有"柚木宮"之美名。當地民房所用立柱、樑及門、門框、窗、框架、樓梯、地板或木瓦等部位均採用柚木，東南亞及歐洲一些別墅也大量使用名貴柚木。

橋樑：曼德勒市郊的烏本橋（U Bein Bridge）建於 19 世紀末，長達 1200 米，完全採用柚木建成，歷經 100 多年風雨仍能供行人正常來往，已成了柚木品質的象徵與明證。

㉒【金色宮殿僧院局部】
㉓【東枝柚木建築】緬甸東枝（撣邦首府）建於茵萊湖中的酒店（Myanmar Treasure Resort Inle Lake），建築多由柚木構成。

㉔【烏本橋】
㉕【烏本橋柚木橋墩】（攝影：北
　京 季峰）
㉖【烏本橋】烏本橋上的柚木端面

遊艇和其他船舶：除了作為頂級奢侈品的遊艇甲板、船艙等使用特級或Ⅰ級上等柚木外，16–17世紀英、法、荷、葡、西等歐洲列強的軍艦與海運船隻均在印度或緬甸用柚木製造，大大提高了使用壽命與遠程航行能力。當地普通的民用船隻也多採用柚木、婆羅雙等油性大、耐久、耐腐蝕的木材製造。

裝飾用材：除了建築構件雕飾、樓梯、地板外，也用於陽台、柵欄，刨切單板可用於很多方面的單一裝飾或與其他木材及材料混合裝飾。

雕刻及其他工藝品：緬甸的柚木工藝品早期受到印度文化的影響，婆羅門教或小乘佛教的神、佛像或宗教故事的雕刻較多。現代則受到中國福建、廣東木雕的影響比較明顯。

㉗【柚木獨木舟】泰國柚木獨木舟，長約6米，寬80厘米。（收藏：泰國 楊明）
㉘【茵萊湖獨木舟】緬甸傳統的獨木舟多用柚木製作。茵萊湖上的漁民單腿划槳，雙手撒網，是一直延續至今的古老習俗。

㉙【曼德勒王宮內柚木雕像】曼德勒王宮中國王（THIBAW）和王后（SUPHAYALAT）之雕像，錫袍王
　　（King Thidaw 1878–1885 年在位）是緬甸貢榜王朝末代國王，1885 年與王后、公主等王室成員
　　被英國殖民者擄往印度軟禁，貢榜王朝滅亡。

㉚【柚木雕大象】（收藏：李忠恕）

㉛【民國‧柚木圈椅靠背板】（收藏：馬可樂）

㉜【金色宮殿僧院之柚木人物雕刻】

## (2) 家具選材

柚木分級嚴格而複雜，質量控制也十分專業繁瑣。根據硬木家具製作的特殊要求，首先必須採用紋理清晰、材色乾淨、油性好的柚木，而色雜、渾濁不清、發乾發飄的柚木不宜使用。

## (3) 顏色的選擇

小乘佛教國家用"黃"是極為慎重的，因為"黃"一般代表佛教，而柚木、白蘭（Sagawa）、娑羅雙均為純黃，故南亞、東南亞各地都喜歡這幾種木材。柚木色純如一者多，金黃高貴者多，製作家具時應防止過度飄逸、散漫而有失厚重、淳樸、大氣。黑筋明顯的柚木可用於裝飾性強的部位，如櫃面、案心；少紋或色純之柚木可用於邊框、腿或工藝品製作。

## (4) 雕琢工藝

柚木比重適中，易於雕刻與加工，但其毛病在於不能細膩、準確地表達主人的思想而難以達到傳神之功效。柚木家具如多採用線條語言，渾圓而少雕琢，則將盡顯柚木華貴而尊榮之本性，故雕琢不應強加於具有收藏價值的柚木家具之上。此外，黑筋料不宜於佛像或以人物為主題的雕刻。

## (5) 木材的搭配

柚木大徑級材多，尾徑大者超過一米，長度 10-20 米者也多，故適宜體量較大的家具或成套、成堂家具的製作，但一木一器、一木成堂也須注意與其他木材的配合使用，要注意顏色配比，軟硬合一。東南亞、南亞諸國喜用柚木板材、原木、天然樹根雕刻花板、佛像及其他藝術品。而柚木與其他深色硬木結合製作家具與藝術品，金色與深紫、褐紅、墨黑、咖啡色或深褐色之結合，會給人以強烈的視覺衝擊，便可彌補其固有的缺陷，但選用何種木材須視家具的形制、功能而定。

# 十八、高麗木

## Mongolian Oak

**學名**　**中文**：柞木

　　　　**拉丁文**：Quercus mongolica Fisch.

**別稱**　**中文**：高麗木、蒙古柞、青杏子、蒙柞、槲柞、柞樹、小葉槲樹、蒙古櫟、參母南木（朝語）

　　　　**英文**：Mongolian oak

**科屬**　殻斗科（FAGACEAG）　麻櫟屬（Quercus）

**產地**　**原產地**：中國東北、華北及山東、內蒙東部，俄羅斯西伯利亞、遠東沿海地區、庫頁島，朝鮮、日本等地。

　　　　**引種地**：與原產地相同

**釋名**　古人將產於我國東北及今朝鮮之柞木稱為"高麗木"，是因歷史上的柞木及柞木家具多為高麗國所貢而得名。

宋代嚴粲的《詩緝》註解《詩經》"維柞之枝，其葉蓬蓬"曰："柞，堅韌之木。其新葉將生，故葉乃落，蓋附着甚固也。"《詩經》"陟彼高岡，析其柞薪"的箋註曰："析其木以為薪者，為其葉茂盛蔽岡之高也。"《本草綱目》曰："柞木，釋名鑿子木。此木堅韌，可為鑿柄，故俗名鑿子木。方書皆作柞木，蓋昧此義也。柞乃橡櫟之名，非此木也。藏器曰：'柞木生南方，細葉，今之作梳者是也。'時珍曰：'此木處處山中有之，高者丈餘。葉小而有細齒，光滑而韌。其木及葉丫皆有針刺，經冬不凋。五月開碎白花，不結子。其木心理皆白色。'"

需要指出的是，李時珍所言鑿子木，並非北方的柞木，而是生長於長江中下游的柞榛木。柞榛木即柘樹（Cudrania tricuspidata），桑科柘樹屬，又名刺針樹、柘桑、角針、柘骨針、柞樹，其心材金黃色或深黃褐色，其閃亮的金色年輪線分佈勻稱，在弦切面上更為明顯生動。也有人認為柞榛木即蒙子樹（Xylosma japonicum），隸大風子科蒙子樹屬，其氣乾密度可達 0.96g/cm³，常用於農具柄及榨油房之撞杆、楔子等，故有鑿子木、鑿樹之美稱。不過柘樹或蒙子樹與《本草綱目》之"其木心理皆白色"的描述不一致，而很象殻斗科的一些木材。另外，還有一些木材在民間也被稱為"柞木"，主要是殻斗科之青岡屬、水青岡屬、麻櫟屬中的木材，江浙、福建、江西、湖南、湖北等地的木工習慣於將這些木材稱為"柞木"，也有個別匠人或收藏家將這些木材稱為"高麗木"，這是明顯錯誤的。從國外進口的柞木，主要來自於歐洲及美國，一般稱為"橡木"，按木材的顏色分為紅橡與白橡，其價格遠高於中國及俄羅斯的柞木。所以，認識與研究高麗木，須弄清楚高麗木、柞木、鑿子木、柞榛木、橡木、青岡等幾個重要概念，以免混淆。

①【柞木】生長於俄羅斯哈巴羅夫斯克州維亞澤姆斯基區阿萬斯克林場的柞木

②【柞木樹葉】

③【樹幹】柞木主幹之陰面佈滿青苔，陽面則少有青苔，這也是野外判別方向或樹木之陰陽的簡易可行的方法之一。（資料提供：田樹旭，吉林省琿春市）

④【伐後的柞木樹皮與新生的樹葉】

⑤【鑿子樹】湖南省岳陽市華容縣終南鄉周家灣的"鑿子樹",又稱"柞木",隸蒙子樹屬。

⑥【"鑿子樹"的樹幹、皮、葉及刺】

⑦【麻栗樹】雲南省文山州丘北縣官寨鄉秧革村向陽村民小組山溝陽坡上的麻栗樹

⑧【祭竜】向陽村民小組的祭竜(龍)儀式,分配給每戶的剩餘祭品置於麻栗樹葉之上。每年農曆三
　　月初三,當地的壯族及其他民族會在自己祖先靈魂聚集之地即竜山舉行儀式,祭拜祖先、山神,
　　敬重大自然。

# 木材特徵

陳嶸《中國樹木分類學》介紹柞木"落葉喬木,高三丈,直徑一尺;樹皮灰褐色,有粗裂;一年生之枝栗褐色,處處有淡綠灰色之斑紋,枝條粗人,多分歧……六月開花,十月果熟。"唐燿《中國木材學》稱柞木"外皮薄,淡或深褐色,邊材淡褐色。……年輪略寬,在中心部分每吋紋 20 輪。質略重至重;爐乾後每立方呎重約 42–48 磅,比重約 0.67–0.76;氣乾後在含水量約 8–9% 時,每立方呎重量約 46–52 磅。"

今天所稱之高麗木,還包括遼東櫟(Quercus liaotungensis Koidz)及粗齒蒙古櫟(Quercus mongolica Fisch.var.grosserrata Rehd. & Wils.),後者原產於日本,又稱水柞、水楢,河北東陵稱其為"胡青子",樹皮為片狀剝落,常無深槽,心材黃褐色,邊材淡紅白色,年輪清晰,但年輪通常寬於柞木。徑切面紋理細密有序,弦切面花紋美麗,在日本很受歡迎。不過,因我們所見的古舊高麗木家具以柞木為主,故在此主要討論柞木的主要特徵。

在諸多產地中,以長白山地區敦化、安圖、露水河、三岔子、泉陽、紅石、白河等地的柞木質量最好,尤以紅石、三岔子、露水河最為突出(據稱產於長白山東部朝鮮境內的柞木質量更好)。其共同特點是材色淺,板面乾淨,紋理細密均勻,幹形好,出材率特別是徑切材比例高。產於大小興安嶺之柞木顏色暗淡、光澤差,且主幹端面呈正圓者比例不高,幹形差而徑切材的比例也低。

⑨【銀斑】帶皮、邊材、心材的柞木,長短不齊的射線是其標誌,有時會形成大小不一的所謂"銀斑"。
⑩【在空氣中長久氧化後的柞木】
⑪【弦切紋理】
⑫【橫截面】柞木端面,邊材(外圍淺色部分)與心材。

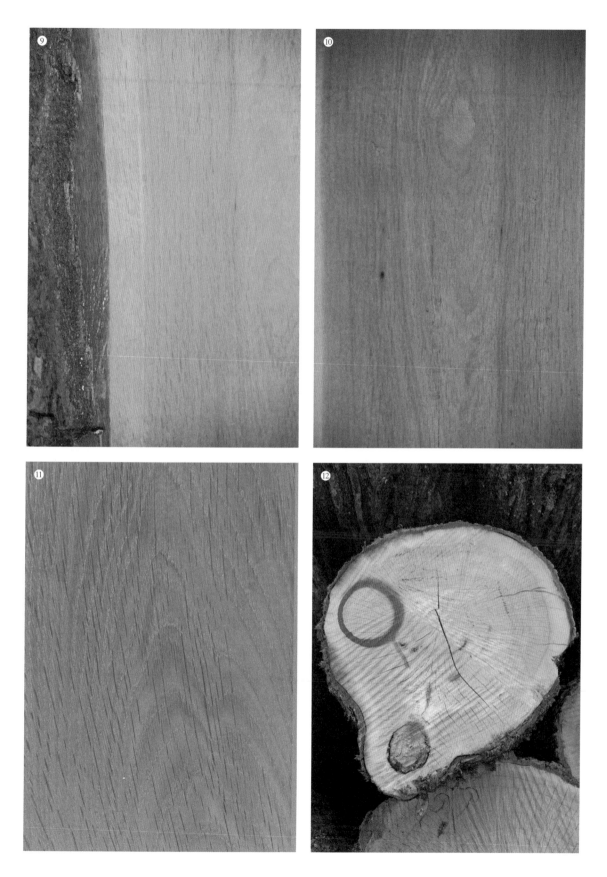

| | | |
|---|---|---|
| 邊　　　材： | 淺黃褐色 | |
| 心　　　材： | 與邊材區別明顯，黃褐色或淺暗褐色。 | |
| 生　長　輪： | 明顯，略呈波浪狀，寬窄均勻。 | |
| 紋　　　理： | 紋理清晰而少有變化。徑切面上，寬木射線有光澤，構成極為顯明的斑紋，木材商一般稱之為"銀斑"。水青岡的斑點似芝麻粒分佈細密均勻，而柞木的斑點一般較大或大小不一，顏色較周圍木材稍深，光澤極強。這是柞木即高麗木的顯著特徵或標志性的特徵。而弦切面上寬木射線呈線條狀，顏色較木材深。 | |
| 氣　　　味： | 無特殊氣味 | |
| 氣乾密度： | 0.748g/cm$^3$（產地不一樣，比重亦有差別，但差別不會太大） | |

# 木材分類

## （1）按顏色分

白柞、紅柞

## （2）按地區分

大小興安嶺（黑龍江）柞木、長白山地區（吉林）柞木、高麗柞（朝鮮特別是長白山東部）、東洋柞（日本北海道）

# 木材應用

## （1）主要用途

**家具：** 歷史上，高麗木家具是在滿人入關後開始盛行的，可能與高麗木生長在白山黑水有很大關係。不過，東北地區及朝鮮冬天漫長而寒冷，房屋低矮，室內多為火炕，日常生活或禮儀活動均在炕上進行，故家具數量、種類不多，且尺寸不大，如炕桌、炕几、炕櫃、箱子等。陝西、山西、河北等地的柞木家具流行較少，所佔比例不大，但做榆木活的木匠多用柞木刨子。 雍正時期的檔案記載有：高麗木箱子、包安簧鋄銀金飾件高麗木桌子、花梨木包鑲樟木高麗木寶座托牀、暖轎（高麗木轎杆）、高麗木壓紙、一封書式炕桌、高麗木欄杆紫檀木都盛盤、高麗木矮寶座（船上用）、高麗木邊紫檀木心一封書式炕桌、高麗木把瑪瑙四珠太平車、高麗木衣桿帽架、高麗木文具匣、高麗木盤紫檀木珠鐵炕老鸛翎色字算盤、高麗木邊圍棋盤、高麗木灌鉛壓紙、黑漆高麗木胎攢竹轎軒等等。乾隆及以後的記錄更為豐富多樣，高麗木幾乎無所不為。

**建築：**朝鮮、日本、俄羅斯西伯利亞，我國東北、華北地區的民居有不少採用柞木。

**造船：**肋骨、機座、骨架。

## （2）木材腐朽

主要以未採伐之立木腐朽為主，其中以瓜子型腐朽、塊狀紅腐及大理石腐朽最為典型。腐朽在主幹上蔓延 5-6 米，幾乎整個木材均受到感染，使木材變軟、變脆，並產生明顯的黑色條紋。如果腐朽嚴重則不能用於家具製作，如果經過處理使其腐朽不再發展，木材仍能使用，鋸材時保留其完整的自然發生的美麗圖案，還可改變柞木顏色及花紋單一的缺陷。

## （3）木材乾燥

柞木乾燥極為困難，容易翹曲、開裂與變形。家具用材規格多且厚薄、寬窄、長短各一，給柞木乾燥帶來更大的困難。柞木開鋸後應放在通風條件好的室內存放約 10 天左右再進行低溫窯乾，時間約 20-30 天，出窯後木材應按厚薄堆碼整齊，每塊板之間應放格條以便通風。乾燥後的養生時間以 30 天為佳。如此所得木材材性穩定，光潔度及色澤均可達到設計與製作的要求。

## （4）木材搭配

柞木可與深色木材及有紋理的木材相配，如烏木、條紋烏木、酸枝、老紅木、雞翅木及新近進口的風車木（Combretum imberbe，使君子科風車藤屬，又稱"皮灰"）等，合理的搭配利用，不僅可以改變柞木自身的審美缺陷，而且可以達到出其不意的效果。另外，柞木家具的金屬飾件以白銅為主，除了色彩搭配比較合理外，也可提高柞木家具的檔次。

### (5) 紋理與開鋸

柞木幾乎少有奇妙的紋理與圖案，在裝飾用材或家具用材方面，則以其整齊有序、細密勻稱的直紋而著稱，故下鋸時應首先考慮徑切，以徑切為主。

⑬【柞木陰沉木】伐後遺棄於山野的柞木，雖已腐朽，但絲紋筆直、清晰。
⑭【心材已全部腐朽的柞木】

⑮【清早期‧高麗木平頭案局部】此案局部中間如佛足之跡者，為嵌補後之痕跡。無論木材貴賤，古
　人惜木如金的優秀品格，至今仍應為我們所效仿。

⑯【清中期‧柞木圈椅大邊之螺旋紋、銀斑】

⑰【清早期‧井字格高麗木大羅漢牀】（中國嘉德四季第 27 期拍賣會）

# 十九、樺木

學名　　**中文**：白樺

　　　　**拉丁文**：Betala platyphylla Suk.

別稱　　**中文**：樺皮樹、粉樺、興安白樺

　　　　**英文**：Birch, Asian white birch

科屬　　樺木科（BETULACEAE）　樺木屬（Betula L.）

產地　　**原產地**：中國東北、內蒙及華北，俄羅斯西伯利亞東部及遠東地區，朝鮮半島、日本也有分佈。

　　　　**引種地**：與原產地同

釋名　　樺木，又名檴。清代汪灝《廣羣芳譜》引《本草》記載："樺古作檴，古時畫工以皮燒煙熏紙作古畫，字故名檴，俗省作樺字。"

①【內蒙古阿爾山初秋的白樺木】（攝影：吳體剛）

②【樺樹主幹與明黃金紅的樹葉】(攝影：
　吳體剛)

③【俄羅斯彼爾姆邊疆區 (Perm) 的白
　樺樹葉】彼爾姆邊疆區位於烏拉爾山
　脈中段以西，東歐平原的北部，屬溫
　帶大陸性氣候，有着較為豐富的森林
　資源。

④【樺王】俄羅斯彼爾姆邊疆區莫斯科莊
　園附近的白樺，主幹 1.5 米處直徑約
　80 厘米，被當地人稱為“樺王”。

⑤【“樺王”主幹與樹皮】

⑥【楓樺樹幹與翻捲的樹皮】

# 木材特徵

**邊材與心材：** 黃達章主編《東北經濟木材志》指出："（樺木）心邊材區分不明顯。木材黃白色略帶褐。有時由於菌害心部呈紅褐色，仿若心材。"王佐《新增格古要論》述及韃靼樺皮木稱其"出北地，色黃，其斑如米大，微紅色。"《本草綱目》記載："其木色黃有小斑點，紅色能收肥膩。"樺木舊器，如明朝或清早期者，木色杏黃幾無紋理，與柏木近似。

**生 長 輪：** 分界略明顯

**紋　　理：** 樺木新切面淺灰白或淺黃白色，很少有特徵明顯的花紋，舊器一片杏黃。樺木之所以能在中國古代家具史上刻下自己的印跡，因其生癭，且癭細密、清晰、規矩、勻稱，與花梨的佛頭癭齊名。

**氣　　味：** 無特殊氣味

**光　　澤：** 新切面光澤較暗，久則骨黃透亮。

**油　　性：** 多數樺木從皮至心材油質豐富，油性好。

**氣乾密度：** 0.607g/cm$^3$

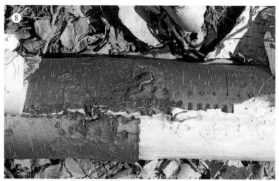

⑦【樺木端面】
⑧【樺木外層糙皮脫落後露出不同色彩的內皮】
⑨【日曬雨淋後的樺木弦切面】

# 木材分類

　與白樺木材特徵近似的，產於東北林區的樺木屬樹種主要有楓樺（Betula costata, 別名：千層樺、黃樺、碩樺），岳樺（Betula ermanii），黑樺（Betula dahurica，別名：臭樺、棘皮樺）。古代家具所用樺木以白樺為主，楓樺、岳樺、黑樺及產於南方的光皮樺（Betula luminifera）也佔有一定比例。

　木材市場上白樺一般按徑級大小分等級，空洞、腐朽者不進入市場。

⑩【彼爾姆邊疆區樺木單板加工廠外丟棄堆積的單板】
⑪【彼爾姆邊疆區樺木單板加工廠扔掉的樺木短材】
⑫【日本岳樺癭】
⑬【日本岳樺癭】

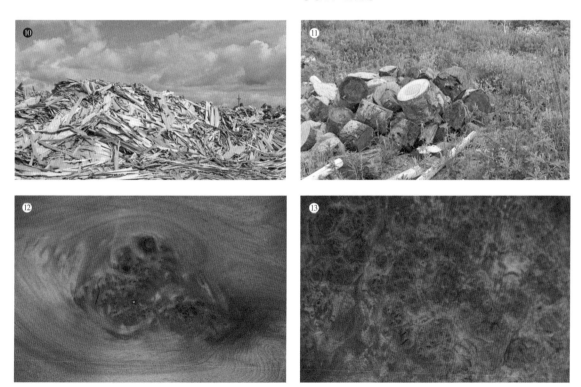

# 木材應用

## (1) 主要用途

樺木木材被廣泛用於建築、樂器、農具、體育器材、飛機部件及室內裝飾等領域。古代家具中，東北的炕上家具除高麗木外，主要為樺木。西北、華北及山東也大量採用樺木製作家具。樺木癭多用於家具的看面，如櫃門心、桌面、案面心等。

樺木樹皮用途也較廣泛，《東北經濟木材志》稱："（樺木）樹皮含有樺皮素，……含量為 38.2%（佔樺皮絕乾重）。樺皮乾餾可得樺皮焦油，潤革、醫藥、機器潤滑以及木材防腐、殺蟲等用。從樺皮中提製的樺皮漆，性能接近蟲膠。"

白樺皮多油脂，古人用以葺屋製器，如水杓、水桶、碗、匣及其他工藝品。《本草綱目》稱："其皮厚而輕虛軟柔，皮匠家用襯靴裏及為刀靶之類，謂之暖皮。胡人尤重之。以皮捲蠟，可作燭點。"《五雜俎》記載："樺木似山桃，其皮軟而中空，若敗絮焉，故取以貼弓，便與握也。又可以代燭。……亦可以覆庵舍。一云取其脂焚之，能辟鬼魅。"

## (2) 樺木多木節

樺木的生長壽命多在 80–100 年，可商用的原木直徑多在 20–30 厘米，大徑材較少，而且樺木多生木節，節的種類亦很多。據《東北經濟木材志》介紹："樺木的天然整枝能力較差，在主幹部分，除裸出節外，還有許多隱生節，它在樹幹外部的特徵是在樹皮上長有八字形節疤。節疤的夾角與木節的潛伏深度及直徑有關，夾角愈大，木節的潛伏深度愈深。……在樺木主幹上分佈最多的是角質節、輕微腐朽節和鬆軟節，其次是健康節、活節，最少的是腐朽節。腐朽節常使樺木形成心材腐朽。"如果用於家具，開鋸時必須注意其節疤的類型與紋理的變化，儘量取大尺寸、花紋美的部位，或避開朽節、鬆軟節，使材面乾淨、整潔。

## (3) 白樺易腐朽

　　白樺極易心腐，即所謂"水心材"。樹齡大者幾乎全部會產生水心腐朽。一般發生於樹幹中心，呈現白色斑點，夾有深色圈紋狀大理石腐朽，致使材質鬆軟，但其材可用。另外，樺木採伐一般在冬季及早春，新材存放不可過夏，過夏則產生色變、腐朽，幾乎喪失利用價值。作為家具用材，過夏材不能使用，水心材則需謹慎使用。

⑭【清·樺木竹鞭形高低几】(中國嘉德 2003 年秋拍)
　　此樺木几呈金黃紫褐色，皮質感強，原為樺樹根部自然彎曲，後經人工順勢加工而成，露斧斤痕跡而古拙之氣盡顯。

# 二十、沉香與沉香木
## Chinese Eaglewood

**學名**　**中文**：土沉香

　　　　**拉丁文**：Aquilaris sinensis (Lour.) Gilg

**別稱**　**中文**：白木香、香樹、崖香、女兒香、莞香、香材、國香、瓊脂、天香、
海南香

　　　　**英文和地方名稱**：Chinese eaglewood

**科屬**　沉香科（Aquilariaceae）　沉香屬（Aquilaria）

　　　　據鄭萬鈞主編《中國樹木志》統計，沉香約有 18-20 樹種，主要分佈於南
亞、東南亞及我國海南、廣東、廣西、雲南。本節僅選產於我國的土沉香
作為研究對象。

**產地**　**原產地**：海南島 600 米以下的山地、坡地和平原地區，尤以尖峰嶺、五指
山、黎母山、臨高一帶品質上乘；廣東電白、東莞、惠州、中山一帶均有
發現，其中惠州綠棋楠極有特點；此外，香港、廣西欽州、雲南大理等地也
有出產。

　　　　**引種地**：中國廣東、海南、廣西及東南亞越南、泰國等地。

**釋名**　關於沉香的名稱來歷、分類、名稱，系統龐雜，說法不一。一說香之入水即
沉者謂沉香，另一種說法則認為香氣沉潛即沉香，李時珍則將沉香分為三
種：沉水、半沉、不沉。清代張嶲等人纂修的《崖州志》引《南越筆記》稱：
"海南香，故有三品，曰沉，曰箋，曰黃熟香。沉、箋有二品，曰生結，曰
死結。黃熟有三品，曰角沉，曰黃沉，若敗沉者，木質既盡，心節獨存，精
華凝固，久而有力。生則色如墨，熟則重如金，純為陽剛，故於水則沉，於
土亦沉。此黃熟之最也。其或削之則捲，嚼之則柔，是謂蠟沉。"

①【沉香樹葉】

②【海南省屯昌縣人工種植的沉香樹】

③【沉香樹主幹】沉香樹主幹，從根部腐朽，主幹也有空洞，一般內生沉香。

# 沉香樹、沉香木與沉香的特徵與關係

## (1) 概述

沉香樹、沉香木、沉香為三個不同的概念。沉香樹是未砍伐的、活着的、生長於野外的樹木；而沉香木則是經過砍伐、並按一定規格製材的原木或規格材（如方材、板材等）；沉香則是沉香木中的結晶體，已沒有木材的特徵，即完全不同於沉香木而進入了另一個境界，但其母體仍是沉香木，其遞進關係應該是：沉香樹→沉香木→沉香。

不是每一棵沉香樹均能產沉香，只有達到一定條件後才能生香。沉香木黃白色，心邊材無區別，沒有特殊氣味或微有甜香氣味，比重約 $0.33g/cm^3$，鬆軟極不耐腐，並不適於雕刻，一般用於絕緣材料，海南多用於製作米桶、牀板等家居日常用品。用沉香木做的工藝品，其雕刻的細膩程度肯定不如沉香，其價值也與沉香相差很大。一些文物圖錄中將"沉香"標註為"沉香木"，實際上是一大錯誤。二者無論從外觀、質地、比重、味道，還是價值、用途方面均有天壤之別。目前在一些拍賣行所看到的所謂沉香器物過於輕軟，雕刻粗糙、呆板，多數為沉香木或其他軟木，並不是真正意義上的沉香。因此弄清楚沉香樹、沉香木、沉香三者之間的關係是十分重要的。

## (2) 海南香（及土沉香）的基本特徵

其一，海南香入爐有花香味，穿透力極強。頭香清揚、淑雅、涼爽、甘甜，尾香醇和、綿軟，蜜香味、甘蔗味、水果味，若隱若現，回味無窮。

其二，海南香乾淨、純正。一是色澤乾淨，二是香氣乾淨。沉水香、紫棋楠呈黑色，敲擊有金屬聲，稍加打磨，光亮鑑人。黃熟香、黃棋楠呈金黃色，以手電照射，似金箔輝映，金絲游離。皮油（青桂）、鷓鴣斑、綠棋楠呈綠色，在放大鏡下，有翡翠一樣的通透感。白棋楠呈紅褐色，紅黃交錯。

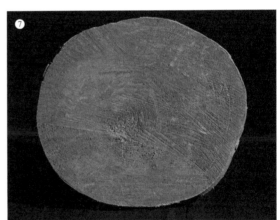

⑤【死結】樹幹有死結，也是結香的重要原因。

⑥【空洞】沉香樹主幹有空洞，是結香的主要誘因之一。

⑦【橫截面】沉香木端面，土黃色，幾乎不含任何油質，多用於日常木器製作。

⑧【鷓鴣斑】(攝影與收藏：魏希望)

# 海南沉香的分類

海南沉香的分類，大致以四名十二狀來區分。

## (1) 四名

四名，指的是海南香結香程度的劃分，也是藏家衡量結香狀況、劃分品質優劣的標準。

| 四名 | 沉水香 | 棧香 | 生結 | 熟結 |
|------|--------|------|------|------|
| 含義解說 | 沉於水的香 | 半沉半浮的香 | 香樹在自然生長狀態下所結的香 | 也稱死結。白木香樹自然死亡後，遺存在樹體或風摧日灼倒伏後埋於土中，沉於沼澤、江河裏的香脂。 |

⑧【沉水板頭】（攝影與收藏：海南 魏希望）

⑨【夾生沉香】香學家魏希望認為："白木香樹在岩石夾縫中萌發生長，樹幹及樹根部受到擠壓而遭致創傷後聚集而成的香脂部分，即'夾生沉香'。因其受外傷後，由外向裏結香，故其特徵是香脂在外而內含白色生木，香氣裏外交融，含蓄內斂，清氛層次分明。"

## (2) 十二狀

| 十二狀 | 含義解說 | 結香環境 |
| --- | --- | --- |
| 雞骨香 | 中間空虛，長於樹枝，形如雞骨的香。 | 外結香（受外部影響而結香） |
| 小斗笠 | 薄而堅實，長於樹杈脫落、折斷處。因外觀似脫落的筍殼，又如黎人的斗笠，故名小筍殼、小斗笠。其形又如蓬萊仙山，故古籍裏名之曰：蓬萊香。 | 外結香 |
| 青桂 | 依樹皮而結的香為青桂，也叫皮油。 | 外結香 |
| 頂蓋 | 因風折樹枝，斷面處油脂上涌，凝結成薄片的香為頂香。頂香大多數為平面，或稍有凹凸感，圓形。也有一種頂香，斷面處凹凸感明顯，或因滴水穿石的磨礪，形成山峰狀，理出的香呈蓬萊仙山造形，古人把此類頂蓋也稱為蓬萊香。頂香因結香時間短，基本不沉水，屬棧香類。 | 外結香 |
| 包頭 | 結香原理與頂香一樣，都是因勁風摧折枝幹，在斷面處仰天結香。區別在於頂蓋結香時間短即被取出，香氣稍薄，此類香樹一般在大山的外圍，容易發現，屢被香農採摘。包頭一般形成於深山老林，人跡罕至，結香時間超過百年，狀如仙山，此為名符其實的蓬萊香。其斷折面經幾百年的修復癒合，樹皮簇擁上翻，形成包裹，周圍枝柯競生，脂液噴薄，結油十足，入水即沉，紫褐相間，香氣涼甜。所有包頭無論大小全部沉水，屬沉水香類。 | 外結香 |
| 倒架 | 樹撲木腐而香脂隨雨水沖刷埋於土中的香為倒架，也稱死沉、土沉、水沉。 | 外結香 |
| 吊口 | 因強風摧折、飛石撞折、雷電擊斷、野豬啃咬等自然因素影響，香樹枝幹折斷面朝向地面，汁液滴注成脂，形成吊刺狀，理清白木後，即如螞皮的吊口。 | 外結香 |

| | | |
|---|---|---|
| **樹心格** | 結於樹心的香。因結香環境處於真空狀態,所以也叫無菌結香。樹心格大多數滿油、實心,代表了海南香的卓越品質。沉香的菁華棋楠,就是生於樹心的奇絕蘊積。棋楠香分紫棋、綠棋、黃棋、白棋。其中,白棋並非單指白色,白蠟沉就是白棋中的無上妙品。 | 內結香 |
| **蟲漏** | 熱帶森林中常見的一種粗胖平頭的白色肉蟲在靠近根部的樹幹上咬啃成洞後形成的香。 | 外結香 |
| **蟻漏** | 白蟻和黑蟻在白木香樹樹根部位蛀蝕作穴後所形成的香。 | 外結香 |
| **馬蹄香** | 狀如馬蹄,或呈"丁"狀的香。馬蹄香生於地面根節相交處,或根節"丁"形交匯受傷處。 | 外結香 |
| **黃熟香** | 又稱黃油格,係白木香樹朝陽部位的主幹與樹枝分叉處所結的香。黃熟香是海南香中緊隨樹心格之後的上乘香品。 | 外結香 |

## (3) 崖香四異

| 四異名稱 | 雷擊 | 馬尾浸 | 鳥巢香 | 火結 |
|---|---|---|---|---|
| 含義解說 | 因雷電擊中樹幹，受高溫劇烈灼傷而結的香為雷擊。 | 因龍捲風的作用，香樹扭轉受傷，樹心成麻繩狀，結香若油浸，又細如馬尾絲，故稱馬尾浸。 | 啄木鳥或其他鳥類在白木香樹幹上啄木作窩而形成的香是鳥巢香。 | 因自然原因引發山火燒灼香樹所結的香即火結。 |

⑩【崖香十二狀】（作者：海南 黃黎祥）
⑪【樹心格】（攝影與收藏：魏希望）
⑫【小斗笠】（攝影與收藏：魏希望）
⑬【蟲漏】（攝影與收藏：魏希望）
⑭【黃熟香】（攝影與收藏：魏希望）

⑮【樹心黃棋】（攝影與收藏：魏希望）
⑯【樹心黑棋】（攝影與收藏：魏希望）
⑰【樹心紫棋】（攝影與收藏：魏希望）
⑱【樹心白棋】（攝影與收藏：魏希望）

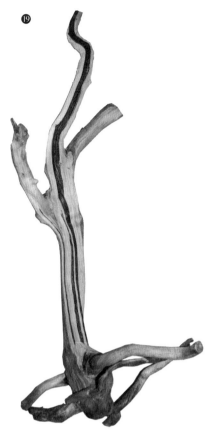

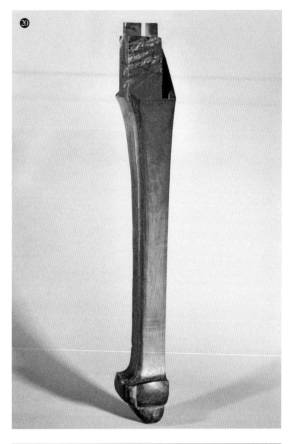

⑲【雞骨香】
⑳【馬蹄香】（攝影與收藏：魏希望）
㉑【倒架】（攝影與收藏：魏希望）
㉒【吊口】（攝影與收藏：魏希望）

# 沉香真偽鑑別

## （1）乾淨

理出的香品，偶帶白木，亦如白雪一般純淨，沉水香則是黑脂如黑，香氣有如花香，味涼甜。

## （2）色澤明亮

黑白分明，紅黃徹底。稍加打磨，光亮如鏡。

## （3）易混和冒充的香材

**雞骨香**：樂東、昌江一帶，有一種香農稱為雞骨香的樹，結出的香外觀和沉香完全類似，但入爐沒有香氣，清聞有淡淡的沉香味。過去，事香者以其摻雜沉香中冒充海南香。

**降真香**：降真香分大葉和小葉，小葉降真香香氣呈椰香味，其結香原理同沉香一樣，都是受傷結香，但也有少量內結香。外觀類似沉香，極易混淆。曾有人拿上等降真香冒充沉香中的棋楠。

也有人用其他產地的沉香或外形類似沉香的木材冒充海南香。

㉓【生長於海南省樂東縣秦標村的雞骨香（Croton crassifolius）】

【註：本節部分照片及部分文字為香學家、海南沉香學會秘書長魏希望先生提供。】

第二章

# 其他木材

【蘇芳染黑柿木座屏】
設計：沈平
製作與工藝：北京梓慶山房

# 一、海南黃檀

## Hainan Rosewood

**中文；**海南黃檀

**拉丁文：**Dalbergia hainanensis

**別稱：**花梨公

**英文：**Hainan rosewood

**科屬：**豆科　黃檀屬

原產海南島，因其樹木在生長過程中極易受到病菌、蟲害侵蝕，故心材多空腐，且多數木材乾澀、輕泡，故很少用於建築或器物製作，但其心材、根材枯朽而埋入地下，比重、顏色、油性均會發生變化，也有好事者將其入香、入藥或製器。

① 【海南黃檀】生長於中國林業科學研究院熱帶林業研究所海南尖峰嶺試驗站的海南黃檀林（攝影：海口　楊淋）

② 【樹葉】（攝影：海口　楊淋）

③ 【樹幹】海南黃檀樹幹橫向溝槽、包節及空洞較多，多為黑色螞蟻所為。且其主幹多數空心，在3米左右高度斷頭，再發新枝，故有"鬼剃頭"之說。（攝影：海口　楊淋）

④ 【斷頭與空洞】斷頭之處縱向、橫向空洞及斷頭處新發主幹。（攝影：海口　楊淋）

⑤ 【心材】海南土著謂樹木之心材為"格"，花梨公之格中間空洞，其壁單薄，但含油量豐富，海南當地人用其熬油，用於出售，稱可包治百病；另一用途則為製作手串、項鏈等工藝品。（收藏：海南儋州　符海瑞　攝影：海口　楊淋）

⑥ 【心材】掩埋於山林之中的花梨公，心實色紫，比重較大，油質感強。（收藏：海口　符集玉）

# 二、桄榔木

## Sugar Palm

**中文：**桄榔

**拉丁文：**Arenga saccharifera

**別稱：**姑榔木、面木、鐵木、董棕、糖樹、砂糖椰子

**英文：**Sugar palm

**科屬：**棕櫚科　桄榔屬

原產東南亞、南亞及我國廣東、廣西、海南島。《廣東新語》稱"木色類花梨而多綜紋，珠暈重重、紫黑斑駁，可以車鏇作器……下四府人以其小者為屋椽，為樑柱，然多空心。"

明清時期廣東省設十大州府，上六府為：廣州府、肇慶府、南雄府、韶州府、惠州府、潮州府，下四府為：高州府、雷州府、廉州府、瓊州府。

① 【桄榔樹】（海南儋州）
② 【桄榔木標本】

# 三、香樟

## True Camphor

①【樟樹橫切面】年輪較寬、色澤灰暗。（標本：湖南省岳陽市華容縣周家灣 周金峙 周匡）

中文：香樟

拉丁文：Cinnamomum camphora

別稱：樟樹、樟木、小葉樟、紅心樟、豫章、血樟

英文：True camphor, Camphor tree

科屬：樟科　樟木屬

原產於我國長江以南各地，台灣、海南島等地也有分佈。因其香氣撲鼻、文章華美而得名。樟木富含樟腦，可防蟲、防潮，多用於製作櫃、箱、篋等。

②【香樟樹】福建省南平市光澤縣的香樟樹

③【樹葉】江蘇蘇州拙政園外香樟樹的樹葉（攝影：蘇州 馮朝雄）

④【樟木老料】樟木老料重新打磨後的紋理與顏色醇和、溫潤而清晰。

⑤【明·樟木大畫箱】此畫箱長 173x 寬 70x 高 78 厘米，造型古樸、簡潔，因年代久遠而色澤變深，但樟木紋理清晰可辨。（收藏：北京劉俐君　攝影：韓振）

⑥【明·樟木大畫箱頂蓋銀錠形合頁】

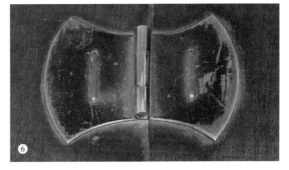

# 四、圭亞那蛇桑木

## Snakewood

**中文：**圭亞那蛇桑木

**拉丁文：**Piratinera guianense

**別稱：**蛇紋木、美洲豹、蛇木

**英文：**Letterwood, Snakewood

**科屬：**桑科　蛇桑屬

原產於南美洲的蘇里南、圭亞那及亞馬孫熱帶雨林地區，除圭亞那蛇桑木外，還有雜色蛇桑木（Piratinera discolor）、糙蛇桑木（Piratinera scabridula）、茸毛蛇桑（Piratinera velutina）等樹種，其花紋如蛇如豹，多用於工藝品、裝飾及家具鑲嵌。

①【產自蘇里南的蛇紋木原木】
②【蛇紋木新切面】
③【蛇紋木的黑色斑紋】蛇紋木出現黑色斑紋，係因久與空氣接觸所致。

# 五、綠檀

## Green Ironwood

**中文：**綠檀

**英文：**Green ironwood, Verawood

**科屬：**蒺藜科　癒瘡木屬、維臘木屬

綠檀為兩屬木材之統稱，又有綠鐵木、綠斑之別，主要樹種有：薩米維臘木（Bulnesia sarmienti）、喬木維臘木（Bulnesia arborea）、癒瘡木（Guaiacum officinale）、聖癒瘡木（Guaiacum sanctum）。綠檀的心材呈深綠或淺灰綠色，這也是其得名的原因，其中維臘木香氣濃郁，癒瘡木的香氣較淡。

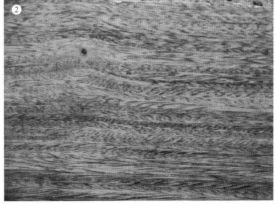

①【綠檀原木端面】
②【帶有明顯麥穗紋的綠檀】
③【綠檀的表面紋理】綠檀表面紋理清晰，但並不潔淨，這也是其在中國家具市場不受歡迎的主要原因。

# 六、榧木

## Torreya

**中文：**榧木

**別稱：**香榧、柏、杉松果、赤果、柀子、玉山果、玉榧

**英文：**Torreya

**科屬：**紅豆杉科　榧樹屬

原產日本及我國雲南、江浙等南方諸省。主要樹種有：日本榧樹（Torreya nucifera）、榧樹（Torreya grandis）、雲南榧樹（Torreya yunnanensis）、巴山榧樹（Torreya fargesii）、長葉榧樹（Torreya jackii）。心材杏黃或黃褐色，氣味清香，紋理順直平滑。主要用於圍棋棋具的製作，也用於家具的製作。

①【椆樹】武夷山深處的野生椆樹（福建
　省南平市光澤縣）
②【椆樹樹皮及新生的幼枝與樹葉】
③【棋盤端面】雲南椆木製作的棋盤端
　面，紋理清晰，排列整齊有序。（標
　本：孔祥來　雲南昆明烏龍棋具廠）
④【雲南椆木弦切所呈現的雲紋】
⑤【椆木雕葉衣佛母】（童永全　中國工藝
　美術大師四川成都）

# 七、紅豆杉

## Yew

**中文：**紅豆杉

**別稱：**紫杉、赤柏松、一位（日）、水松（日）、血柏

**英文：**Yew

**科屬：**紅豆杉科　紅豆杉屬

原產於日本、朝鮮、中國及歐美等北半球地區。主要樹種有：紅豆杉（Taxus chinensis）、南方紅豆杉（Taxus mairei）、東北紅豆杉（Taxus cuspidata，又稱日本紅豆杉）、西藏紅豆杉（Taxus wallichiana）、雲南紅豆杉（Taxus yunnanensis）。心材桔紅、黃色或玫瑰紅，有的淺黃透紅多漩渦紋。

日本視紅豆杉為神木，用於房屋建築以鎮宅避邪。我國江西、浙江、福建等地用其製作圓桌、櫥櫃、供案。紅豆杉的新鮮樹葉、樹皮可用於提煉阻止癌細胞分裂的紫杉醇，而樹幹或根部幾乎不含紫杉醇，故沒有藥用價值。

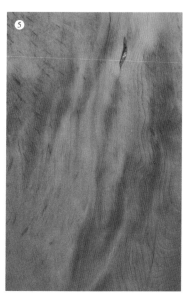

①【日本岐阜縣白川村明善寺的紅豆杉】

②【紅豆杉樹葉與紅豆】

③【紅豆杉樹幹與樹皮】

④【東北紅豆杉樹根剖面】（標本：北京
　梓慶山房標本室）

⑤【西藏紅豆杉弦切面】（標本：崔憶）

⑥【紅豆杉雕"阿彌陀佛淨土"局部】（童
　永全中國工藝美術大師　四川成都）

# 八、山槐

## Amur Maackia

**中文：**山槐

**拉丁文：**Maackii amurensis

**別稱：**懷槐、黃色木、犬槐（日）、高麗槐

**英文：**Amur maackia

**科屬：**豆科　槐樹屬

原產於我國東北小興安嶺、長白山，俄羅斯阿穆爾州，朝鮮，日本北海道、本州中部以北地區也有分佈。《東北經濟木材志》稱："心材顏色自髓部向外逐漸變淡，由栗棕色至暗棕褐色或黃棕色，有時帶紫紅色，縱斷面上更為明顯。木材紋理直，結構粗，重量及硬度中等，板面顏色、花紋美麗，有特殊的氣味，似豆腥味。"

山槐木一般用於製作家具、木製車輛及小木器，日本將紅豆杉、山槐木視為神木，用以鎮宅避邪。

①【山槐橫切面】
②【帶樹皮和邊材的山槐弦切面】

# 九、杉木

## Chinese Fir

**中文**：杉木

**拉丁文**：Cunninghamia lanceolata

**別稱**：沙木、沙樹、真杉、正杉、正木、香杉、廣葉杉（日）

**英文**：Chinese fir

**科屬**：杉科　杉木屬

原產於我國長江流域，心材白色泛淺灰，也有呈淺栗褐色者；新切面有清香味或濃香味。節疤較多，紋理順直者多。王佐《新增格古要論》稱杉木"色白而其紋理黃稍紅，有香甚清。或云南蕃腦子香生此木，中有花紋，細者如雉雞斑，甚難得。花紋粗者亦可愛。直理不花者多。"

日本所謂"杉"，多指杉科柳杉屬的日本柳杉（Cryptomeria japonica），別名孔雀杉。主要產於本州、四國、北海道等地，中國台灣也有引種。樹高可達 40 米，胸徑 2 米，邊材白色或淺黃白色，心材淡紅色至暗赤褐或黑赤褐色，心邊材區別明顯。徑切面紋理順直，弦切面花紋炫目多變。氣乾密度為 $0.38g/cm^3$。柳杉是日本的主要用材，廣泛用於園林、綠化、建築、家具及製作各種器具，如包裝盒、食盒、硯盒、手飾盒等。

①【柳杉樹葉】
②【杉木橫切面】年輪均勻清晰，與本色分明。（標本：傅文明 福建省光澤縣）

③【雲南騰沖滇灘的杉樹林】

④【杉木立柱】福建省三明市泰寧縣金湖甘露岩寺的杉木立柱。杉木比重輕，但多直絲，承重性能佳，故多用於建築構件，特別是承重部位。

⑤【日本和歌山縣皆瀨神社的柳杉】

⑥【湘杉新切面】（標本：潘啟富 北京梓慶山房）

⑦【明末・杉木圓角櫃側板】此杉木板紅筋明顯

⑧【柳杉弦切面】從切面可見由死節形成的心形紋

⑨【明・杉木菱形紋大門】杉木呈褐色，高古、敦厚。鐵製面葉、栓、拉環，已生醬色鐵銹。鼓釘紋及鐵活的位置佈局為大門點睛之作。

# 十、胭脂

## Tonkin Artocarpus

**中文：**胭脂

**拉丁文：**Artocarpus tonkinensis

**別稱：**越南胭脂、胭脂樹、狗浪、黑皮、狗肉胭脂

**英文：**Tokin artocarpus

**科屬：**桑科　波羅蜜屬

主產於我國海南島、廣東、廣西、雲南。樹皮表面暗褐色，薄皮剝落。心材為深栗褐色或巧克力色，比重不大，氣乾密度 0.570g/cm³。材質遠不及同屬的小葉胭脂（Artocarpus styracifolius）。

海南稱小葉胭脂為胭脂、英杜、將軍木、二色波羅蜜。《崖州志》指其"色正黃，紋理細膩，狀類波羅，中含粉點為異。性澀，難鋸。"心材金黃褐色，久則轉深呈栗褐色帶黃。氣乾密度 0.560g/cm³。

① 【生長於海南的胭脂】
② 【樹皮】撕開粗皮，露出色如胭脂的內皮。
③ 【胭脂舊材新切面】胭脂新切面材色淺褐，久則深紫褐色，木材手感差，易生倒茬，可做一般實用家具。（標本：鄭永利）

# 十一、海紅豆

## Coral Pea-Tree

**中文：**海紅豆

**拉丁文：**Adenanthera pavonina

**別稱：**孔雀豆、銀珠、大葉銀珠

**英文：**Coral pea-tree

**科屬：**含羞草科　孔雀豆屬

主產於我國海南島。研究中國古代家具的學者將其誤認為"紅木"，但據其木材特徵應歸入癒瘡木類。《崖州志》述及"銀珠"稱："結質堅實，幹多蟲孔。色黃紅裏更夾微藍。紋理盤錯，實難光澤。"其心材黃褐色或紅褐色，常具美麗的癒瘡紋。種子呈橢圓形，鮮紅美麗，多作飾物。氣乾密度為 $0.74g/cm^3$。

① 【海紅豆】主幹直立達十數米，樹冠如將開將合之油傘，枝葉纖細蕭散，儀態可掬。（攝影：海口　楊淋）
② 【海紅豆樹幹折彎處之包節】
③ 【海紅豆橫切面】（標本：中國林科院憑祥熱林中心）

# 十二、子京

## Hainan Madhuca

①【子京小方材端面】

中文：子京

拉丁文：Madhuca hainanensis

別稱：海南紫荊木、紫荊、海南馬胡卡、毛蘭

英文：Hainan madhuca

科屬：山欖科　子京屬

主產於海南島南部、西南部林區。《崖州志》稱："紫荊，色紫，產於州東山嶺。去膚少許，即純格。質細緻，光潤而堅實。重可沉水，理有花紋。道光以前，時或有之，今已罕見。"其心材紫褐色，新切面具辛辣滋味；心材潑水後摩擦會生白色汁液。子京的氣乾密度為 1.110g/ cm$^3$，是海南島最堅硬的木材，鋸削困難。但有天然耐腐，抗蟲蟻，光潔細膩等特點，是當地民眾最喜用的木材之一。

②【生長於海南尖峰嶺的子京樹】

③【子京主幹與樹皮】主幹上佈滿了螞蟻侵蝕後的黃泥及排泄物

④【子京色變】子京新切面淺黃泛白，約半年左右開始呈淺褐透黃，直至褐色。絲紋細密如織，幾乎不見有特徵的花紋。

# 十三、坡壘

## Hainan Hopea

①【坡壘樹葉】

**中文**：坡壘

**拉丁文**：Hopea hainanensis

**別稱**：石梓公、紅英、海梅

**英文**：Hainan hopea

**科屬**：龍腦香科　坡壘屬

分佈於海南島五指山和尖峰嶺林區。《崖州志》論坡壘（欐）："色初白漸紫，久則變烏。質堅而重，紋理緊密。入地久，不朽。為材木冠。"其心材深黃褐色，氣乾密度為 1.000g/cm$^3$。具有油性大、光澤好、耐磨、耐腐等特點，是古代廣東、海南常用的舟船、橋樑、民房及家具用材。

②【海南的坡壘林】
③【坡壘新切面】（標本：魏希望）
④【新切面】新鋸開的坡壘，心材呈土黃色，久則呈褐色、紫褐色或醬紅色。

# 十四、青皮

## Stellatehair Vatica

**中文**：青皮
**拉丁文**：Vatica astrotricha
**別稱**：青梅、青楣、苦葉、苦香
**英文**：Stellatehair vatica
**科屬**：龍腦香科　青皮屬

分佈於中國海南島、越南。《中國木材志》稱："據謂在低海拔旱生型季雨林中的青皮，樹葉較小，生長較快，樹皮較厚，心材多呈黃褐色，像蜂蠟一樣，霸王嶺林區叫'蜂蠟格'；另一類型是在山地常綠林中混生的青皮，樹葉較大，生長較慢，樹皮較薄，心材多呈深褐色，這類在林區中叫'烏糖格'。'格'即'心材'，前者木材較輕軟，據云不變形，更受群眾歡迎。"據稱，在海南萬寧瀕海有一片青皮純林，當地百姓可據其觀測天氣變化，如遇變天或暴風雨來臨之前，青皮會變濕，樹木一片混響。青皮的心材暗黃褐色，久則轉深成咖啡色，油性好，光澤明亮。海南島吊羅山的青皮氣乾密度為 $0.837g/cm^3$。

① 【青皮】主幹高達 20 米左右而無旁枝，樹冠冠幅拘謹，這是熱帶雨林物競天擇之必然。（攝影：楊淋）
② 【青皮主幹】
③ 【新切面】材色多淺黃或黃色帶淺褐，細膩順滑，鮮有美紋。（標本：鄭永利）
④ 【舊板】未刮削打磨的青皮舊板，已呈褐色，與新切面明顯不同，如果成器後日常使用則色澤深沉、光亮。（標本：魏希望）

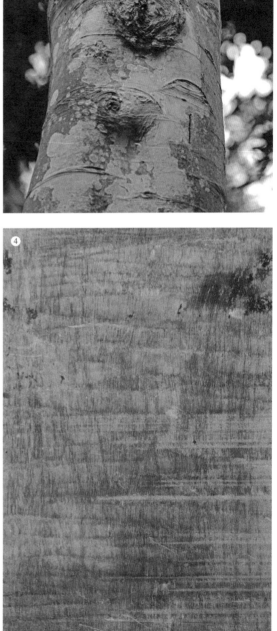

# 十五、母生

## Hainan Homaliu

**中文：**母生

**拉丁文：**Homalium hainanense

**別稱：**龍角、高根、天料、麻生、紅花天料木、海南天料木

**英文：**Hainan homaliu

**科屬：**天料木科　天料木屬

生長於海南低海拔的密林中。長大成材被砍伐後，萌生能力很強，樹根部位會萌發很多幼苗，一般有 3–6 株幼樹能繼續長大，故稱之為母生樹。當地農村在生兒育女時，多在房前屋後廣種此樹，待兒女成人，母生樹也長大可以利用了。其心材紅褐至暗紅褐色，光澤好，能抗鑽木動物危害，耐腐抗蟻。氣乾密度 $0.819g/cm^3$，適於加工與利用。母生是海南本地人最喜愛的木材之一，一直被列為特等材加以重視。

同科嘉賜樹屬的海南嘉賜（Casearia aequilateralis），別稱"母生公"，材色黃白，材質等指標遠遜於母生，並非同一種或近似的木材。

① 【海南母生小片林】（攝影：楊淋）

② 【母生主幹局部】主幹通直，高可達 20 餘米，全身密佈薜荔（Ficus pumila）。薜荔為攀緣或匍匐灌木，熱帶樹木或岩石、牆壁上常見其蹤跡，柳宗元便有"驚風亂颭芙蓉水，密雨斜侵薜荔牆"之詩句。（攝影：楊淋）

③ 【母生樹葉】（攝影：楊淋）

④ 【母生標本】心材呈赭色，少有花紋，但其根部常有奇紋異理。（鄭永利）

⑤ 【母生標本】標本侵染春雪即露本相，色褐而純，質細而密。

# 十六、荔枝

## Lychee

**中文：**荔枝

**拉丁文：**Litchi chinensis

**別稱：**荔枝母、火山、酸枝、格洗

**英文：**Lychee

**科屬：**無患子科　荔枝屬

原產於我國福建東南部，後移植於兩廣、雲南及海南島。《崖州志》稱："荔枝，大可數圍，高數丈。一大株，得板數十塊。色紅，肉細且堅，製器最為光澤。材經久則蛀，鹹水浸之則免。"荔枝樹高達 30 米，胸徑可達 1.3 米，心材暗紅褐色，光澤好，至美之紋若隱若現。氣乾密度為 $1.020g/cm^3$。野荔枝果可食，味澀，但木材材質比人工栽培的荔枝樹要好，故廣東將野荔枝列為特等材，人工栽培者則為一等材。海南島所產野荔枝材質、材色、紋理最佳，常替代"酸枝"。

海南另有一種樹，俗稱"荔枝公"，中文名：毛荔枝（拉丁文：Nephelium lappaceumo.var.topengii），隸無患子科毛荔枝屬，別稱毛調、山荔枝、酸古蟻、海南韶子。果似荔枝，有毛帶刺，味酸。心材為黃紅褐色，氣乾密度：$0.717g/cm^3$。也用於家具、建築及農具製作，但與荔枝木不屬一類。

① 【荔枝樹】《廣東新語》："荔字從艹從劦,不從劦。劦音離,割也;劦音協,同力也。荔字固當從劦。《本草》謂荔枝木堅,子熟時須刀割乃下。今瓊州人當荔枝熟,率以刀連枝斷取,使明歲嫩枝復生,其實益美。故漢時皆以為離支,言其離樹之支,子離其枝,枝復離其支也。"(攝影:楊淋)

② 【主幹】小片純林荔枝之主幹分杈極低,幾乎接近地面,呈傘狀散開,形式極美。

③ 【荔枝樹包橫切面】

④ 【荔枝癭】《南越筆記》稱"廣木多癭,以荔枝癭為上,多作旋螺紋,大小數十,微細如絲。"如此美紋多見於野生或樹齡較大且粗壯的荔枝樹。

⑤ 【清早期·黃花黎荔枝木面心半桌局部】(收藏:北京張旭)

# 十七、坤甸木

## Borneo Ironwood

**中文**：坤甸鐵樟木
**拉丁文**：Eusideroxylon zwageri
**別稱**：坤甸、坤甸木、鐵木、加里曼丹鐵木
**英文**：Borneo、Borneo ironwood
**科屬**：樟科 鐵樟屬

分佈於印度尼西亞、菲律賓、馬來西亞，尤以產於印尼加里曼丹的坤甸木最為出名。西加里曼丹首府即坤甸市（民間：Khuntien，官方：Pontianak），此地自 18 世紀以來，華人一直較多。坤甸有天然優良的深水港，當年廣東、福建木材商進口的這種木材多從坤甸裝船，故以地名命名。坤甸木為高大喬木，枝下高可達 15 米，主幹直徑 1.2 米。心材新切面具檸檬味，黃褐色至紅褐色，久則墨黑，油性極好。古舊器物多呈光亮的漆黑色，細長的絲紋一貫到底，不會斷紋。木材堅硬如鐵，敲擊如銅器回聲，氣乾密度 $1.198g/cm^3$。

廣東、海南等地主要將坤甸木用於民居、舟船、橋樑、碼頭和家具製作，特別是佛寺家具。據稱以坤甸木所製龍舟沉入河底第二年仍完好如初，可繼續用於競賽。此木即使埋入地下數十年或數百年也無殘缺。寺廟凋敝破敗，而建築主體的坤甸木骨架不倒、不散、不爛，所存的坤甸木家具、法器也如新製，只是顏色漆黑。

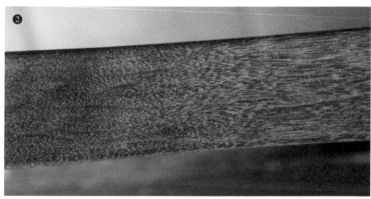

① 【坤甸木切面】坤甸木的色變過程極
為有趣，由新切面的土黃至淺褐色、
深褐色，直至產生包漿而呈紫黑或漆
黑色。

② 【坤甸木家具殘件】材色近灰黑色，紋
如雞翅，故易與格木、雞翅木、鐵刀
木及紅豆木相混。（標本：廣西容縣
徐福成 葉柳）

③ 【坤甸木家具殘件】長長的直絲一貫到
底，不見其他有特徵的花紋。（標本：
廣西容縣 徐福成 葉柳）

# 十八、波羅格

## Merbau

**中文：**帕利印茄

**拉丁文：**Intsia palembanica

**別稱：**波羅格、菠蘿格、Merbau（馬來西亞、印尼）

**科屬：**豆科　印茄屬

主要分佈於東南亞及南太平洋島國。樹高可達 45 米，直徑一般為 1.5 米，大者可達 3 米。心材褐紅至暗紅褐色，夾雜淺土黃色長條斑紋。氣乾密度：$0.800g/cm^3$。波羅格手感粗糙，紋理呆板單一，價格低廉，多為建築用材，但因堅硬而耐潮，廣東及海南島也常用其製作日常家具。

海南、廣東、廣西、雲南及東南亞還分佈一種波羅蜜（Artocarpus heterophyllus），英文名：Jack-Fruit，俗稱木波羅、樹波羅、天波羅、包蜜、婆那娑，隸桑科波羅蜜屬。波羅蜜樹可高達 20 米，胸徑 80 厘米，心材鮮黃，氣乾密度 $0.529g/cm^3$。也是廣東、海南等地廣泛用於民房及家具製作的優質樹種，材質以廣東、海南為最佳，其果碩大，軟糯香甜。需要強調的是，波羅蜜與波羅格是兩個不同的樹種，不同科不同屬，木材特徵也有顯著差別，從字面上理解易生歧義。

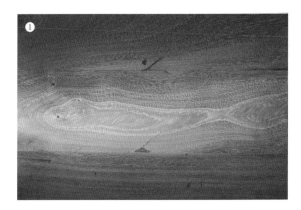

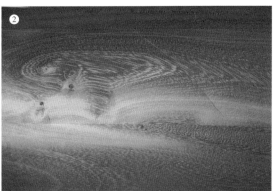

①【波羅格如游魚之美紋】（標本：符集玉）

②【波羅格新切面】

③【波羅格新切面】新切面多明黃色或淺褐色，久則呈咖啡色或深褐色。

④【菠蘿蜜樹】

⑤【廣西玉林地區的菠蘿蜜米斗】（標本：梁善傑，廣西玉林）

# 十九、東京黃檀

## Mai Dou Lai

**中文：**東京黃檀

**拉丁文：**Dalbergia tonkinensis

**別稱：**越南黃檀，越南黃花梨，Mai Dou Lai（老撾語），Sua、Súa Do、Súa Vàng、Trac Thoi（越南語）

**科屬：**豆科　黃檀屬

主產於越南與老撾交界的長山山脈兩側。據日本正宗嚴敬的《海南島植物志》及 20 世紀初的《中國主要植物圖說》記載，海南島也產東京黃檀（按"東京"指越南河內及周邊地區）。此木心邊材區別明顯，邊材呈淺黃白色，心材呈淺黃、黃褐色或紅褐色、深紅褐色，但因常有雜色而使木材表面不乾淨。具深色條紋，多數條紋模糊不清晰。新切面辛辣酸香的氣味濃郁。氣乾密度：0.70－0.95g/cm³。其材質佳者並不遜於海南產降香黃檀。

近年來，有學者認為東京黃檀與降香黃檀應為一個樹種，東京黃檀命名在先，故產於海南的降香黃檀即東京黃檀，也有不少學者及藏家並不認同這一觀點。

①【東京黃檀樹葉】（攝影：李英健教授）

②【東京黃檀果莢】

③【越南河內植物園內的東京黃檀】（攝影：李英健教授）

④【老撾甘蒙省東京黃檀新伐材】

⑤【海口古玩市場的東京黃檀小料】

⑥【東京黃檀橫切面】

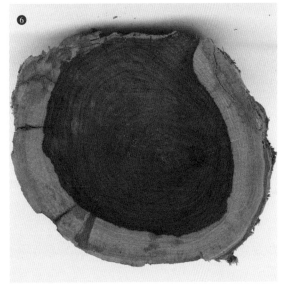

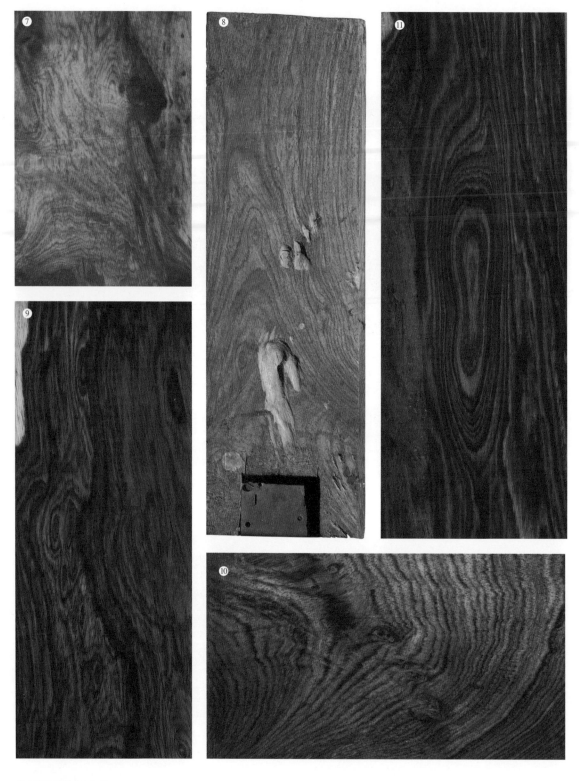

⑦【東京黃檀弦切面】

⑧【越南舊家具上的東京黃檀殘件】

⑨【東京黃檀新切面】東京黃檀新切面呈醬紫色，紋理交叉重疊，界限不清。

⑩【紫褐色紋理的東京黃檀】

⑪【老料弦切面】老料弦切面，油性重、密度強。從其紋理、比重、油性來看，材質並不遜於個別產地的海南黃花黎。

# 二十、盧氏黑黃檀

## Bois de Rose

**中文**：盧氏黑黃檀

**拉丁文**：Dalbergia louvelii

**別稱**：大葉紫檀、玫瑰木、老紫檀

**英文及法文**：Rosewood, Palisander, Bois de Rose

**科屬**：豆科　黃檀屬

主產於非洲島國馬達加斯加，為黑酸枝類木材。1990 年代中期進入中國，曾以"紫檀木"之名橫行於中國市場，冒充明清時期產於印度的檀香紫檀。邊材白透淺灰，心材新切面桔紅色豔如玫瑰，久則為深紫、黑紫；成器後呈大面積深咖啡色或灰烏色，有的夾帶團狀或帶狀土黃色。新切面有酸香味，木屑浸水呈天藍色機油狀。氣乾密度 0.95g/cm³，有的大於 1 而沉於水。

①【盧氏黑黃檀原木】(資料：中國林產工業公司)
②【原木上的蟲道與蟲眼】

③【開料】北京東壩名貴木市場正在開鋸的盧氏黑黃檀原木老料，材色紫紅。

④【盧氏黑黃檀新切面】新鋸板材齒痕明顯，帶有鋸屑，色澤豔紅。

⑤【盧氏黑黃檀木屑】

⑥【盧氏黑黃檀的水浸液】開鋸噴淋後的積水呈天藍色，這也是判別盧氏黑黃檀的重要指標。

⑦【盧氏黑黃檀板材】一木所開的四片板材。成器後的色變，多呈土灰帶黃色。

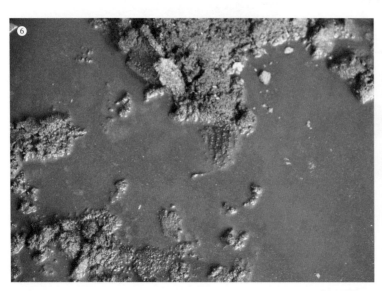

# 二十一、染料紫檀

## African Red Sanders

**中文：** 染料紫檀

**拉丁文：** Pterocarpus tinctorius

**別稱：** 血檀、非洲小葉紫檀

**英文：** Mukula, Padauk, African Red Sanders

**科屬：** 豆科　紫檀屬

主產於安哥拉、剛果（金）、剛果（布）、坦桑尼亞、贊比亞、貝寧、尼日利亞等非洲國家。其變種或異名有十多種，如霍爾茨紫檀（Pterocarpus hotzii）、降香紫檀（Pterocarpus odoratus）、卡斯納紫檀（Pterocarpus kaessneri）、斯托茲紫檀（Pterocarpus stolzii）、齊默爾曼紫檀（Pterocarpus zimmermanii）、變色紫檀（又稱金毛紫檀，Pterocarpus tinctorius var. chrysothrix）、卡拉布紫檀（Pterocarpus cabrae）、德萊凡紫檀（Pterocarpus delevoyi）、大葉紫檀（Pterocarpus macrophyllus）等。16 世紀以來，歐洲的葡萄酒、香水、食物中的調色劑多源於植物提煉的色素，特別是從紫檀屬樹種中提煉的紫檀素。

染料紫檀的木材特徵變化極大，與產地的不同環境有關，佳者之比重、油性、光澤、顏色與檀香紫檀無異，次者如酸枝一般。總體來看，其木材實心者多，空心極少。新切面呈血紅色或粉紅色，黑色條紋較少，如所謂雞血紫檀，久則呈深褐色，色變過程緩慢（緻密油重者變色快，輕而色淺者變色慢）；木材乾澀、油性差，少數油性好；鮮有金星、金絲，即使有，其比例也極少，細密程度與檀香紫檀相差較大。成器後，木材表面特徵易與老紅木、酸枝木相混。香味極難界定，有人稱其"有如魚腥草的腥香味"，而檀香紫檀具微弱的清香味。據稱，產於非洲的降香紫檀具濃郁的蜜香味，近似於降香死結的香味，這可能是一例外。氣乾密度波動範圍很大，0.45–1.30g/cm$^3$。

① 【贊比亞北部的染料紫檀樹】（資料提供：陳韶敏，廣西南寧品翰家具廠）
② 【滿身佈瘿的贊比亞染料紫檀】（陳韶敏）
③ 【染料紫檀果莢】（陳韶敏）
④ 【染料紫檀橫切面】新伐材的橫切面，邊材呈淺灰白色（陳韶敏）。
⑤ 【正在剝皮的染料紫檀原木】（陳韶敏）
⑥ 【染料紫檀端頭】端頭之色與紋，與印度的檀香紫檀區別明顯。
⑦ 【剛果（金）染料紫檀】顏色、紋理多與酸枝木近似，比重小於 1。
⑧ 【利比里亞染料紫檀】生雞翅紋，比重多數小於 1。（標本：張旭）
⑨ 【染料紫檀木碗】人工旋製的染料紫檀木碗，有琥珀質感，半透明。（標本：陳韶敏）

# 二十二、柳木

## Willow

**中文：**垂柳　旱柳

**拉丁文：**Salix babylonica, Salix matsudana

**英文：**Babylon weeping willow, Willow

**科屬：**楊柳科　柳屬

因柳枝細軟柔弱而垂流，故謂之柳。柳屬約 520 種，我國有 257 種、122 變種，32 變型。全國各地均有分佈，較著名的有垂柳、旱柳等，多可作為家具用材。柳木邊材黃白或淺紅褐色，樹齡越短則心材顏色越淺，白裏透黃，或白裏透淺灰；徑級大或樹齡較長者，心材顏色呈淺紅褐色或暗紅褐色，接近地面之主幹、樹苑部分尤其如此。光澤好，沒有明顯的、有特徵的紋理，老樹有寬窄不一的淺灰或灰褐色紋理。氣乾密度：0.531g/cm$^3$（垂柳）、0.588g/cm$^3$（安徽旱柳）、0.524g/cm$^3$（陝西旱柳）。

① 【山西省忻州市代縣雁門關的柳樹】
② 【北京延慶區四方鎮黑漢嶺村的古旱柳】
③ 【垂柳橫切面】（標本：北京梓慶山房標本室）
④ 【帶樹皮和邊材的垂柳】（標本：北京梓慶山房標本室）
⑤ 【清·柳木四出頭官帽椅】柳木柔軟，韌性好，易彎曲，用水煮或火煨則自然彎曲，但咬合能力差，故各連接處用鐵皮固定。

# 二十三、柘樹

## Cudrania

**中文：**柘樹

**拉丁文：**Cudrania tricuspidata

**別稱：**榛木、柘木、柞樹、文章樹、柘刺

**英文：**Cudrania, Tricuspid Cudrania

**科屬：**桑科　柘樹屬

主產於長江流域，特別是江浙一帶。同屬的柘木還有毛柘（Cudrania pubescens，別稱黃桑）、柘木（Cudrania cochinchinensis）等。材質堅硬，是很好的家具及刨架、工具柄用材。《詩經·大雅》："攘之剔之，其檿其柘。"《齊民要術》稱"柘葉飼蠶，絲可作琴瑟等弦，清鳴響徹，勝於凡絲遠矣。"邊材黃褐色，易藍變。心材金黃褐或深黃褐色，舊器呈咖啡色，金黃色紋理明顯，紋理變化不大，材性穩定。氣乾密度：0.990g/cm³。

柘木材色、紋理、光澤及比重與明代文人的審美需求契合，故柘木家具與欅木家具在明代均有很高的地位，集中出現於南通、揚州一帶。

① 【湖北監利柘木鄉華新村的古柘樹】
② 【柘樹主幹】溝槽凸立，癭包稀散。
③ 【柘樹主幹局部】（資料提供：蘇琢、更生、劉理，湖南省岳陽市）
④ 【柘樹樹葉】
⑤ 【柘樹樹皮】柘樹主幹及樹皮，皮薄如紙，其形如鱗。
⑥ 【柘樹樹冠局部】

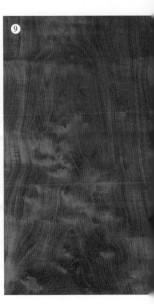

⑦【柘樹橫切面】（標本：于海　山東萊陽縣丁字灣）

⑧【柘樹癭紋】因節疤所形成的不規則紋理

⑨【柘樹弦切面】柘木弦切，癭紋細密精緻，立體畫面感強。（標本：傅濱　福建仙游）

⑩【柘樹鸂鶒紋】柘木弦切，紋如鸂鶒。（張金華）

⑪【明‧南官帽椅靠背板】（攝影與收藏：張金華）

# 二十四、龍腦香木

## Chhoeuteal

**中文**：翅龍腦香

**拉丁文**：Dipterocarpus alatus

**別稱**：龍腦香木、鐵力木、粗絲鐵力、克隆

**英文**：Chhoeuteal, Apitong, Gurjun, Keruing

**科屬**：龍腦香科　龍腦香屬

主產於東南亞、南亞。依其結晶體之形狀與貴重程度而得名龍腦香，又有片腦、羯婆羅香、婆律香之稱。以白瑩如冰、狀如梅花片者為上，所謂米腦、速腦、金腳腦、蒼龍腦均不如冰片腦（即梅花腦）。歷史上認為龍腦為樹根中乾脂，婆律香是根下清脂，出婆律國，故有此名。宋代洪芻《香譜・卷上》開篇第一款即"龍腦香"："《酉陽雜俎》云：'出波律國。樹高八九丈，可六七尺圍，葉圓而背白。'其樹有肥瘦，形似松脂，作杉木氣。乾脂謂之龍腦香，清脂謂之波律膏。子似豆蔻，皮有甲錯。……今復有生熟之異，稱生龍腦，即上之所載是也，其絕妙者，目曰梅花龍腦；有經火飛結成塊者，謂之熟龍腦。氣味差薄焉，蓋易入他物故也。"

龍腦香木在我國用於家具製作的歷史很長，古舊器物多列入鐵力（即格木）之列，北方工匠稱之為"粗絲鐵力"。其邊材淡黃白色，心材新切面為灰紅褐色，久後呈灰黑色或深咖啡色；具深色寬條紋，紋理少變化；生材時透明的樹脂明顯且易外溢，乾燥後油性很好。氣乾密度：0.75–0.76g/cm$^3$。

①【柬埔寨吳哥窟的龍腦香樹】

②【龍腦香樹樹幹】龍腦香樹常被人挖槽以獲取龍腦香汁液

③【吳哥窟露天台階之局部】吳哥窟用龍腦香木鋪路、搭橋，日曬雨淋從未腐朽。

④【龍腦香樹紋理】紋理與格木（鐵力木）無異

⑤【吳哥窟遺址的龍腦香木支撐框架】

# 二十五、銀杏木

## Ginkgo

**中文：**銀杏木

**拉丁文：**Ginkgo biloba

**別稱：**白果樹、鴨腳樹、鴨掌樹、公孫樹、秦樹、秦王火樹、赭樹

**英文：**Maidenhair Tree, Ginkgo

**科屬：**銀杏科　銀杏屬

銀杏木因其種子形狀似杏，外披銀色白粉而得名。野生天然林在浙江天目山、雲南、湖北、四川等地均有零星分佈。《本草綱目》稱"銀杏樹生江南，以宣城者為勝。樹高二三丈，葉薄縱理，儼如鴨掌形，有刻缺，面綠背淡。二月開花成簇，青白色，二更開花，隨即卸落，人罕見之。一枝結子百十，狀如楝子，經霜乃熟爛。去肉取核為果，其核兩頭尖，三棱為雄，二棱為雌。其仁嫩時綠色，久則黃。須雌雄同種，其樹相望，乃結實；或雌樹臨水亦可；或鑿一孔，內雄木一塊，泥之，亦結。陰陽相感之妙如此。其樹耐久，肌理白膩。術家取刻符印，云能召使也。"並認為銀杏"蓋陰毒之物。"《中國樹木分類學》稱銀杏"木材淡黃色，質柔軟，木理緻密，不開裂亦不反翹，為大建築及精美製作之良材。"

銀杏木邊材淡黃色、淺黃褐或帶淺紅褐色。心材黃褐或黃中透白，也有紅褐色者，尤其舊材或老齡樹；氣味難聞，尤以新切面更為明顯，久則消失。紋理若有若無，素雅沉靜。氣乾密度：0.532g/cm$^3$。

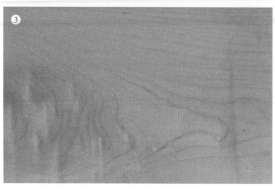

①【日本京都御園的銀杏樹】

②【湖南省華容縣桃花山白果村銀杏樹主幹局部】

③【銀杏木弦切面】切面細膩光滑，光澤好，色澤與紋理似楠木。

④【色變】銀杏木久則漸變為淺酒紅色或棗紅色（標本：北京梓慶山房）

⑤【清‧銀杏木雕人物故事圖座屏局部】（上海博物館藏）

# 二十六、木果緬茄

## Makharmong

**中文：**木果緬茄

**拉丁文：**Afzelia xylocarpa

**別稱：**緬茄、沔茄、冤枉樹、含冤樹、老撾紅木、老撾花梨、紅花梨、草花梨

**英文：**Makharmong

**科屬：**豆科　緬茄屬

主產於緬甸、泰國、老撾。明代謝肇淛《滇略》記載："緬茄，枝葉皆類家茄，結實似荔枝核而有蒂。"其邊材淺白色或灰白色，心材淺褐至深褐色，有的金黃透紅，久則近暗紅褐色；色彩豔麗炫目，花紋迴旋多變、雅致奇美，特別是緬茄瘦，大者直徑 2–3 米，瘦紋佈局密實、連綿不已，與花梨瘦近乎一致，故市場上也常將緬茄瘦當作花梨瘦出售，能分辨者鮮。氣乾密度：0.820g/cm$^3$。

①【木果緬茄側枝】

❷

②【木果緬茄原木】此原木尾徑約為 180 厘米（標本：劉慶，西
　雙版納喜事紅木）

③【木果緬茄近樹根部分橫切面之局部】

④【木果緬茄心材】緬茄心材之本色金黃，密佈其間的褐色斑
　點是區別於花梨木的重要特徵。

⑤【色彩豔麗的緬茄】

# 二十七、黃蘭

## Sagawa

**中文：**黃蘭

**拉丁文：**Michelia champaca

**別稱：**黃心楠、黃心蘭、緬甸金絲楠、水楠

**英文：**Sagawa, Sagah, Safan, Champapa

**科屬：**木蘭科　白蘭屬

原產於緬甸平原及丘陵地區，印度、泰國、越南及中國雲南南部也有分佈。邊材很窄，呈淺黃泛白或淺灰色，心材為淺黃棕色或橄欖綠泛黃，顏色一致，幾無變化；木材少有花紋，根部時有水波紋；其瘤巨大或瘤包大小連串，但瘤紋呆板黏滯，缺少變化與生機。常有人以其冒充金絲楠或其他楠木。氣乾密度：0.441g/cm³。

①【緬甸蒲甘 Kyaung Pan 佛寺的黃蘭】

② 【雲南騰沖滇灘貨場的黃蘭原木端面】
邊材灰白，心材已呈棗紅。

③ 【黃蘭樹根】

④ 【黃蘭紋理】紋理呈淺褐色，心材土黃
色，近似於楠木，也是其被用來冒充
金絲楠的主要原因。

# 二十八、印度黃檀

## Sisso

**中文：**印度黃檀

**拉丁文：**Dalbergia sisso

**別稱：**印度黃花梨

**英文：**Sisso, Shisham

**科屬：**豆科　黃檀屬

原產於喜馬拉雅山南麓乾旱、半乾旱地區，尼泊爾、印度北部、阿富汗南部、巴基斯坦及伊朗高原均有分佈。唐燿《中國木材學》稱："其邊材白色至淺褐白色，心材金褐色至深褐色，且褐色條紋露大氣中後其色變暗；無顯著之氣味；質略重至重；紋理交錯，結果略粗，弦而成疊生。"印度黃檀新切面有酸香味，但香味較弱；部分心材紋理與海南產降香黃檀近似，佈局奇巧，鬼臉紋稀少。有一部分木材紋理粗寬，渾濁不清，但板面底色乾淨。氣乾密度為 0.801−0.848g/cm³（含水率為 12%）。

①【印度黃檀樹葉】
②【印度黃檀果莢】

③【生長於尼泊爾加德滿都的印度黃檀】

④【印度黃檀心材】

⑤【印度黃檀邊材與心材】邊材淺黃，帶麥穗紋，材色與紋理近似於海南黃花黎。

⑥【印度黃檀癭紋木碗】（標本：北京梓慶山房）

# 二十九、闊葉黃檀

## East Indian Rosewood

**中文：**闊葉黃檀

**拉丁文：**Dalbergia latifolia

**別稱：**印度紅木、黑木、孟買黑木、東印度玫瑰木

**英文：**Blackwood, Bombay Blackwood, East indian rosewood

**科屬：**豆科　黃檀屬

原產於印度、印度尼西亞爪哇島。大徑者多，印度北部之闊葉黃檀胸徑可達 1–2 米，南部者可達 5 米；產於爪哇者胸徑約為 1.5 米。邊材淺黃白色，伴有深色窄條紋；心材因產地而異，新切面顏色變化差異較大。產於印度者心材多為金色帶褐、玫瑰紫或深紫色，並帶有明顯的寬窄不一的黑色條紋；產於爪哇者心材多為土黃或淺紅褐色，久則呈烏灰色或淺藍色，有時深玫瑰紫色呈團塊或片狀分佈，魚鱗紋或雞翅紋在靠近中心部位且十分明顯。故國際木材市場一般認為產於印度者為上，印尼者次之。氣乾密度：0.75–1.04g/cm³。

①【闊葉黃檀心材】黑、灰、暗紫色相雜的闊葉黃檀，商家多將其染成紫紅色，成器後木材之本色、紋理均不可見。（標本：北京 王國軍）

②【闊葉黃檀紋理】色雜、紋理粗疏為闊葉黃檀之重要特徵，久則混成深紫黑色。

# 三十、微凹黃檀

## Cocobolo

**中文：**微凹黃檀

**拉丁文：**Dalnergia retusa

**別稱：**南美紅酸枝、小葉紅酸枝

**英文：**Cocobolo

**科屬：**豆科　黃檀屬

原產於中北美洲，幹形很差，運至中國的原木有很大一部分開裂或呈不規則的長條塊。原木表面呈凹槽狀，樹皰、樹節或空洞較多，其中因心腐而致空洞者所佔比例較大，空洞所佔端面面積可達60–80%，端面呈菊瓣式分裂。邊材淺黃白色；心材新切面為桔黃色、桔紅色或紫玫瑰色、淺紅褐色，也有的呈淺黃褐色，雜以黑色或淺褐色條紋，花紋多變而無定式；氣味辛辣，略帶酸味。此木材色深重、紋理清晰、自然可愛，且油性強，鋸末幾乎可以手捏成團。氣乾密度：0.98~1.22g/cm$^3$。

① **【微凹黃檀原木】**邊材窄，多空心，因縱裂從頭至尾，故原木常分裂成片。原木表面之瘻包凹凸，連續不絕，心材紋理變化無窮。

② **【微凹黃檀原木橫切面】**原木實心不空者稀見，端面呈杏黃色。

③ **【微凹黃檀原木新切面】**開鋸時豔紅色的板面

④ **【墨西哥微凹黃檀】**產於墨西哥的微凹黃檀，鬼臉紋、黑筋及紋理近似於紫檀木，故有人將其混入紫檀木中出售。

⑤ **【微凹黃檀的色變】**成器後的微凹黃檀經陽光照射，紋如蟬翼展開，點墨入水。

⑥ **【微凹黃檀的色變】**部分光照後的微凹黃檀，顏色變淺，渾濁不清，與產於老撾的老紅木有明顯區別。

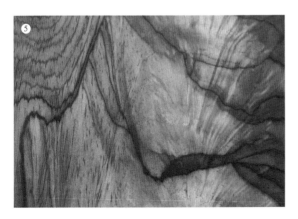

# 三十一、泡桐木

## Paulownia

**中文：**泡桐木

**英文：**Paulownia

**科屬：**玄參科　泡桐屬

原產於中國及東亞的朝鮮半島、日本等地。主要樹種有白花泡桐（Paulownia fortunei）、楸葉泡桐（Paulownia catalpifolia）、蘭考泡桐（Paulownia elongata）、毛泡桐（Paulownia tomentosa，又稱日本泡桐、紫花泡桐）、南方泡桐（Paulownia australis）、川泡桐（Paulownia fargesii）。《本草綱目》認為 "桐華成筒，故謂之桐。其材輕虛，色白而有綺文，故俗謂之白桐、泡桐，古謂之椅桐也。先花後葉，故《爾雅》謂之榮桐。"

泡桐樹幹粗大通直，生長較快，胸徑可達 1 米左右。心材色白輕虛是其總體特徵，心邊材無區別，木材淡黃白色，如果處理不及時會產生藍變或明顯的色斑，故有時木材偏淺灰或有斑點。新切面有明顯的臭味，舊材及乾燥好的木材無特殊氣味。由於泡桐輕虛，年輪寬，故鮮有美麗的自然紋理。但楸葉泡桐又是例外，其比重稍大，年輪較窄，花紋較之其他泡桐更富有特點，淺灰色或淺紅褐色的紋理互不交叉，分佈規矩、流暢。氣乾密度：白花泡桐為 0.286g/cm³，毛泡桐為 0.360g/cm³，楸葉泡桐為 0.341g/cm³，川泡桐為 0.269g/cm³。

① 【紫花泡桐】
② 【泡桐徑切面】
③ 【日本桐木工藝】
④ 【清·桐木整挖圓炕桌】（收藏：北京梓慶山房）

# 三十二、核桃

## Walnut

**中文：**核桃

**拉丁文：**Juglans regia

**別稱：**羌桃、胡桃

**英文：**Walnut

**科屬：**核桃科　核桃屬

原產亞洲西南部，即古人所謂"羌胡"之地，《本草綱目》稱："外有青皮肉包之，其形如桃，胡桃乃其核也。北音呼核如胡，名或以此。"新疆霍城山區及雲南景東哀牢山有成片的野核桃林。而《河北木材志》稱："據史料及出土文物考證，河北為核桃原產地之一。武安磁山出土的炭化核桃，經鑑定距今已 7000–8000 年。"

核桃邊材呈淺黃褐或淺栗褐色，伐後易變色，與心材區別明顯；心材為紅褐或栗褐色，偶有紫色，具深色條紋，久則呈淺咖啡色。其紋理寬窄不一，常帶深色條紋，有時大面積沒有紋理。連綿密佈的細短斑紋或小針點是其重要特徵。氣乾密度：0.686g/cm³。

①【雲南省麗江市玉龍縣金沙江邊的核桃樹】

②【核桃樹皮】

③【清・核桃木方桌局部】

④【核桃木舊器之峰紋】

⑤【清・核桃木方桌夔龍紋雕飾】（收藏：馬可樂）

# 三十三、蘇木

## Sappan

**中文：**蘇木

**拉丁文：**Caesalpinia sappan

**別稱：**蘇枋、蘇芳、赤木

**英文：**Sappan

**科屬：**蘇木科（又名雲實科） 蘇木屬

蘇木為小徑木，多產於南亞、東南亞，我國雲南、海南島也產。晉代嵇含著《南方草木狀》稱："蘇枋，樹類槐。（黃）花，黑子。出九真。南人以染（黃）絲，漬以大庾之水則色愈深。"《本草綱目》則認為"蘇枋"係南海產，"海島有蘇方，木其地產，此木故名。今人省呼為蘇木耳。"中國科學院昆明植物研究所編《南方草木狀考補》認為"蘇枋"一詞由南海產這種植物的島名派生。"……此島為爪哇東面的松巴哇島 Sumbawa。然而學名種加詞 Sappan 則很可能直接來自印度文而不是馬來語原名。Watt（1908）記載的許多土名中有一個名稱是 Sappanga。"按照一般想法，一種植物染料能染紅色，怎麼又能染黃色，蘇枋既以染絲著稱，就認為'黃'字係衍文而刪去。但蘇枋這種小喬木的心材浸液可作紅色染料，而根材卻可作黃色染料；心材浸入熱水染成鮮豔的桃紅色，但加醋則變成黃色，再加鹼又復原為紅色。出現這一情況，係因蘇枋的木部含有巴西蘇木素（Brasilin）及蘇木酚（Sappanin）。

蘇木為歷代海外貢品，主要用於織物染色及藥用，若用於家具染色，就是中國古代家具最主要的染色方式"蘇芳染"。日本正倉院所藏的唐代器物有一部分便採用"蘇芳染"，特別是黑柿器物。《廣東新語》論及鐵力木即格木成器後的表面處理工藝時稱："作成器時，以濃蘇木水或臙脂水三四染之，乃以浙中生漆精薄塗之，光瑩如玉如紫檀。"

① 【蘇木】蘇木樹幹長滿鼓包尖刺，樹高約
　　3 米。（攝影：杜金星）
② 【蘇芳染試驗】（北京梓慶山房）
③ 【蘇芳染黑柿木座屏】（設計：沈平　製作
　　與工藝：北京梓慶山房）

# 三十四、東非黑黃檀

## African Blackwood

**中文：**東非黑黃檀

**拉丁文：**Dalbergia melanoxylon

**別稱：**紫光檀、黑檀、黑酸枝、紫檀木、烏金、烏金木、黑金木、非洲黑檀、莫桑
比亞黑檀、塞內加爾黑檀

**英文：**African blackwood, Mozambique ebony, Senegal ebony

**科屬：**豆科　黃檀屬

主產於非洲莫桑比克、塞內加爾及坦桑尼亞。原木外表呈深溝槽、
空洞、扭曲、腐朽，包節較多，端頭呈菊瓣式開裂，出材率極低。
木材新切面似灰烏色帶明顯的紫色，成器後呈大片黃褐色、深咖
啡色或近黑色，黑色條紋清晰，順滑如絲，打磨後光亮如鏡。氣乾
密度：1.00–1.33g/cm$^3$。

① **【東非黑黃檀原木】**東非黑黃檀徑級大者易空腐，原木表面溝槽排列有序，從端頭來看，形如菊花瓣。

② **【東非黑黃檀小徑材本色】**心材徑級越小者，顏色反而趨黑，光澤、油性近於烏木，初入中國時，一
些紫檀家具中也摻入少量的東非黑黃檀，故有"紫光檀"之別稱。

③ **【東非黑黃檀內夾皮】**東非黑黃檀在生長過程中遭蟲害及其他原因而形成溝槽、腐朽、空洞，製材
後板面也會留有內夾皮、空洞等現象。

④ **【東非黑黃檀邊材與心材】**東非黑黃檀邊材淺黃色，厚約 1–2 厘米，心材紫黑色與咖啡色、土黃色
相混。

⑤ **【東非黑黃檀捲足几】**（設計：沈平　製作與工藝：北京梓慶山房）

# 三十五、古夷蘇木

## Bubinga

**中文：**特氏古夷蘇木

**拉丁文：**Guibourtia tessmannii

**別稱：**布賓加、巴花、巴西花梨、紅貴寶、非洲花梨、高棉花梨

**英文：**Bubinga

**科屬：**蘇木科　古夷蘇木屬

原產非洲喀麥隆、赤道幾內亞、加蓬、剛果（布）、剛果（金）。除特氏古夷蘇木外，較著名的商品材還有阿諾古夷蘇木（Guibourtia arnoldiana）、德萊古夷蘇木（Guibourtia demeusei）、佩萊古夷蘇木（Guibourtia pellegriniana）、愛里古夷蘇木（Guibourtia ehie）、鞘籽古夷蘇木（Guibourtia coleosperma）。

古夷蘇木邊材淺黃透白，心材紅褐色，常具深咖啡色條紋，初始炫麗，久則暗淡。多數心材不見美麗花紋，極少數具有驚豔的水草紋、貝殼紋、波浪紋，色澤亮麗。氣乾密度：0.910g/cm³（加蓬）。

①【古夷蘇木原木】此原木體型碩大,長約 10 米,尾徑約 2 米。(江蘇省張家港)
②【開料】正在開鋸的原木,上側淺色者為邊材。
③【火焰紋】紋如火焰,此種美紋於古夷蘇木中並不多見,現多用於辦公桌或茶桌。
④【心材】古夷蘇木多以寬大取勝,花紋平淡無奇者居多,如此紋理即屬佳品。

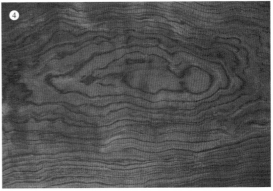

# 三十六、刀狀黑黃檀

## Burma Blackwood

**中文：**刀狀黑黃檀

**拉丁文：**Dalbergia cultrate

**別稱：**英黛、黑檀、牛角木、牛筋木、緬甸黑檀

**英文：**Burma blackwood, Indian cocobolo, Yindaik, Zaunyi, Mai-viet

**科屬：**豆科　黃檀屬

主要分佈於緬甸、印度。心材棕色或如紫葡萄色，新切面顏色深淺不一，具酸香氣；心材局部或大部分有明顯的灕鵝紋，常被黑色或深褐色條紋所分割。成器後色澤趨同，與格木易混。氣乾密度：0.89−1.14g/cm³。

刀狀黑黃檀缺點是大材較少，材色深淺不一，木材乾澀，不易加工，這也是其目前不受市場歡迎的主要原因。

①【原木】源於老撾、緬甸的刀狀黑黃檀原木，多短小雜亂，大徑且長者少，出材率極低。（西雙版納喜事紅木）

②【魚鱗紋】原木削開表皮，露出紫黑色及魚鱗紋。

③【雜色】土黃色與深紫色交替，生成雞翅紋。成器後色澤趨於一致，深紫黑色或深咖啡色。

④【蟲蝕現象】刀狀黑黃檀的邊材如其他名木一樣易受蟲蝕，心材部分則有酸醋味，極少受到蟲害。

# 三十七、紫油木

## Yunnan Pistache

中文：紫油木

拉丁：Pistacia weinmannifolia

別稱：細葉楷木、四川楷木、昆明烏木、梅江、清香木、對節皮、紫柚木、紫葉、香葉樹、虎斑木、廣西黃花梨、紫檀、越南紫檀木、黑花梨（越北）、紫花梨

英文：Yunnan pistache

科屬：漆樹科　黃連木屬

主要分佈於我國的雲南、廣西及越南、老撾、緬甸，四川、貴州等地也產。心材徑級較小，彎曲者多，新切面如紫檀色，久則呈黑褐色、深咖啡色；具酸香氣味；弦切面上深黑色帶狀紋理與紫褐本色交織如彩雲漂移、處處驚變，因其色紫褐而紋近似黃花黎，也被稱為紫花梨。但有時色雜或紋理模糊，是其致命缺陷。油性強，心材富集油脂，且呈紫褐色，故稱紫油木。氣乾密度：1.190g/cm³。

① 【炮台山原貌】炮台山，因山頂有一明代炮台及附屬石頭建築而得名，特有的喀斯特地貌而孤峰林立，互不相連。紫油木多生長於山巔之上的岩石縫隙之中，極少生於山腰、山腳或平地。因其生長緩慢及特殊的環境要求，木之花紋也變幻莫測，異常秀妍，故又有"廣西黃花梨"之美譽。

② 【炮台山紫油木】生長於廣西崇左市龍州縣金龍鎮高山村炮台山峭壁之上的紫油木，樹高約7米，樹冠直徑15米，主幹高2米，分枝短散。

③ 【紫油木樹皮邊材及心材】樹幹表皮灰黑色，嫩皮肉紅色，邊材白裏泛紅，中間色深之圓點即為心材。

④ 【紫油木樹葉及果實】紫油木樹葉及紅色腰錐形果，無籽，是當地有名的中藥，村民稱之為"腰開紅色九重皮"。

⑤ 【紫油木主幹及樹根】炮台山頂的紫油木，根植於岩石縫隙之中，根系深遠、發達。

⑥ 【側生】炮台山頂的紫油木主幹彎曲側生，長滿石斛及其他不知名的植物。

⑦ 【考察小組】登上炮台山頂的廣西大學李英健教授、作者、趙元忠先生（從右至左），身後為紫油木。畫面左後方蹲坐者為當地嚮導譚雄飛先生。

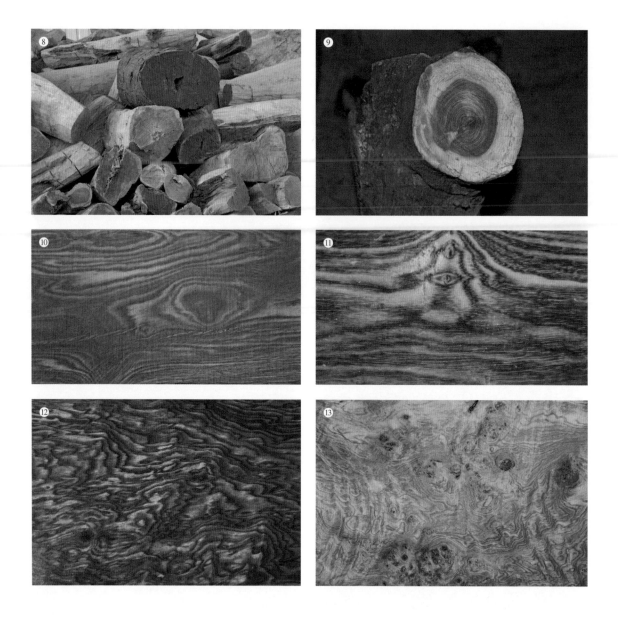

⑧【紫油木原木垛】源於老撾的紫油木，徑小而短者居多。

⑨【紫油木橫切面】紫油木的邊材較厚，厚者達 6–10 厘米。（標本：趙元忠，廣西大新縣桃城鎮下對屯）

⑩【紫油木弦切面】

⑪【紫油木癭紋】依活節而生的呈正態分佈的峰紋，紋理灰黑，渾濁不清，這是紫油木最大的缺陷。

⑫【紫油木豹紋斑】（標本：趙元忠）

⑬【紫油木癭紋】未打磨的紫油木癭紋（標本：趙元忠）

⑭【炮台石壁】炮台山頂石壘的炮台保存完好，嚮導譚雄飛、農忠平自帶國旗懸掛於樹幹之上，對面便是越南連片的山峰、樹木。（攝影：李英健）

# 主要參考文獻

* 程俊英、蔣見元著《〈詩經〉註析》（上下冊），中華書局，2017 年

* 〔漢〕毛亨傳，〔漢〕鄭玄箋，〔唐〕陸德明音義，孔祥軍點校《毛詩傳箋》，中華書局，2018 年

* 石聲漢輯《輯徐衷〈南方草物狀〉》，農業出版社，1990 年

* 袁珂校註《〈山海經〉校註》，上海古籍出版社，1980 年

* 欒保群詳註《〈山海經〉詳註》，中華書局，2019 年

* 〔三國〕沈瑩著《臨海異物志・桂海虞衡志・海語・海槎餘錄》，中華書局，1991 年

* 〔晉〕崔豹撰《古今註》，商務印書館（上海），1956 年

* 靳士英主編《〈南方草木狀〉釋析》，學苑出版社，2017 年

* 靳士英主編《〈異物志〉釋析》，學苑出版社，2017 年

* 〔晉〕常璩著，任乃強校註《〈華陽國志〉校補圖註》，上海古籍出版社，1987 年

* 〔晉〕王嘉撰，〔梁〕蕭琦錄，齊治平校註《〈拾遺記〉校註》，中華書局，1981 年

* 〔晉〕張華撰《博物志》全一冊，台灣中華書局，1967 年

* 〔唐〕蘇鶚纂《蘇氏演義》，商務印書館（上海），1956 年

* 〔唐〕段成式撰《酉陽雜俎》，中華書局，1981 年

* 〔唐〕劉恂撰，商壁 潘博校補《〈嶺表錄異〉校補》，廣西民族出版社，1991 年

* 〔唐〕歐陽詢撰，汪紹楹校《藝文類聚》，中華書局，1965 年

* 〔唐〕徐堅等著《初學記》，中華書局，1962 年

* 〔唐〕鄭處誨撰《明皇雜錄（及其他五種）》，中華書局，1985 年

* 〔五代〕李珣著，尚志鈞輯校《海藥本草》，人民衛生出版社，1997 年

* 〔後唐〕馬縞集《中華古今註》，商務印書館（上海），1956 年

* 〔宋〕李昉等編《文苑英華》，中華書局，1966 年

* 〔宋〕朱彧撰，李偉國點校《萍洲可談》中華書局，2007 年

* 〔宋〕李昉等編《太平廣記》,中華書局,1962 年

* 〔宋〕何薳撰,張明華點校《春渚紀聞》,中華書局,1983 年

* 〔宋〕蔡絛撰,馮惠民、沈錫麟校《鐵圍山叢談》中華書局,1983 年

* 中國科學技術大學、合肥鋼鐵公司《夢溪筆談》譯註組《〈夢溪筆談〉譯註（自然科學部分）》,安徽科學技術出版社,1979 年

* 〔宋〕寇宗奭撰《本草衍義》,商務印書館（上海）,1937 年

* 〔宋〕陶穀撰《清異錄（及其他一種）》,中華書局,1991 年

* 〔元〕陳大震編纂《〈大德南海志〉殘本》,廣州地方誌研究所印,1986 年

* 〔元〕陶宗儀撰《南村輟耕錄》,中華書局,1959 年

* 〔明〕范濂撰《雲間據目抄》,奉賢諸氏重刊民國戊辰五月

* 〔明〕鄺露著,藍鴻恩考釋《〈赤雅〉考釋》,廣西民族出版社,1995 年

* 〔明〕謝肇淛撰《五雜俎》,上海書店出版社,2009 年

* 〔明〕沈德符撰《萬曆野獲編》,中華書局,1959 年

* 〔明〕李昭祥撰《龍江船廠志》,江蘇古籍出版社,1999 年

* 〔明〕費信著,馮承鈞校註《〈星槎勝覽〉校註》,華文出版社,2019 年

* 〔明〕王士性撰,呂景琳點校《廣志繹》,中華書局,1981 年

* 〔明〕郎瑛撰《七修類稿》,上海書店出版社,2009 年

* 〔明〕李時珍編纂,劉衡如、劉山永校註《本草綱目》,華夏出版社,2002 年

* 〔明〕曹昭著,王佐增《新增格古要論》,商務印書館,1939 年

* 〔明〕高濂著《遵生八箋》,甘肅文化出版社,2004 年

* 〔明〕谷應泰撰,〔清〕李調元輯《博物要覽》,商務印書館,1939 年

* 〔清〕陳元龍撰《格致鏡原》,江蘇廣陵古籍刻印社,1989 年

* 〔清〕屈大均撰《廣東新語》,中華書局,1985 年

* 〔清〕梁廷枏撰,駱驛、劉驍點校《海國四說》,中華書局,1993 年

* 〔清〕汪灝著《廣群芳譜》,商務印書館萬有文庫版

* 〔清〕謝清高口述,楊炳南筆錄,安京校釋《海錄校釋》,商務印書館,2002 年

* 〔清〕陶澍、萬年淳修纂,何培金點校《洞庭湖志》,嶽麓書社,2003 年

* 〔清〕張嶲、邢定綸、趙以謙纂修,郭沫若點校《崖州志》,廣東人民出版社,2011 年

* 〔清〕徐珂編撰《清稗類鈔》,中華書局,1986 年

* 闞鐸著《元大都宮苑圖考》，轉引自《中國營造學社匯刊》第一卷第二冊，民國十九年十二月

* 王輯五著《中國日本交通史》，商務印書館，1937 年

* 馮承鈞著《中國南洋交通史》，商務印書館，1937 年

* 趙令揚、陳璋、趙學霖、羅文著《〈明實錄〉中之東南亞史料》（上下冊），（香港）學津出版社，1968 年

* 陳佳榮、謝方、陸峻嶺著《古代南海地名匯釋》，中華書局，1986 年

* 林明體主編《廣東工藝美術史料》，廣東省工藝美術公司、廣東省工藝美術學會，1988 年

* 張燕著《揚州漆器史》，江蘇科學技術出版社，1995 年

* 商承祚著《長沙古物聞見記・續記》，中華書局，1996 年

* 盧嘉錫總主編，董愷忱、范楚玉主編《中國科學技術史・農學卷》，科學出版社，2000 年

* 盧嘉錫總主編，羅桂環、汪子春主編《中國科學技術史・生物學卷》，科學出版社，2005 年

* 郭德焱著《清代廣州的巴斯商人》，中華書局，2005 年

* 鄒曉麗編著《基礎漢字形義釋源——〈說文〉部首今讀本義》（修訂本），中華書局，2007 年

* 王世襄著《明式家具研究》，三聯書店，2007 年

* 朱家溍著《故宮退食錄》，紫禁城出版社，2009 年

* 趙汝珍著《古玩指南》，金城出版社，2010 年

* 孫機著《中國古代物質文化》，中華書局，2014 年

* 李梅田著《中國古代物質文化史・魏晉南北朝》，開明出版社，2014 年

* 張星德、戴成萍著《中國古代物質文化史・史前》，開明出版社，2015 年

* 趙偉、王中旭著《中國古代物質文化史・繪畫・寺觀壁畫》（上下），開明出版社，2015 年

* 唐燿著，胡先驌校《中國木材學》，商務印書館，1936 年

* 牛春山著《陝西樹木志》，西北農學院印，1952 年

* 陳嶸著《中國樹木分類學》，上海科學技術出版社，1959 年

* 干鐸主編，陳植修訂，馬大浦審校《中國林業技術史料初步研究》，農業出版社，1964 年

* 候寬昭主編《廣州植物志》，科學出版社，1965 年

* 陳煥鏞主編，中國科學院華南植物研究所編輯《海南植物志》第二卷，科學出版社，1965 年

* 廣東省植物研究所編《海南植物志》第三卷，科學出版社，1974 年

* 廣西林業勘測設計院、廣西林學分院木材研究室編著《廣西珍貴樹木》第一集，1978 年

* 陳嶸著《中國森林史料》，中國林業出版社，1983 年

* 中國農業科學院、南京農學院、中國農業遺產研究室編著《中國農學史（初稿）》（上下冊），科學出版社，1984 年

* 溫貴常編著《山西林業史料》，中國林業出版社，1988 年

* 南京林業大學林業遺產研究室主編，熊大桐等編著《中國近代林業史》，中國林業出版社，1989 年

* 陳嘉寶編著《馬來西亞商用木材性質和用途》，中國物質出版社，1989 年

* 羅良才著《雲南經濟木材志》，雲南人民出版社，1989 年

* 西南林學院、雲南省林業廳編著《雲南樹木圖志》，雲南科技出版社，1990 年

* 熊大桐主編《中國林業科學技術史》，中國林業出版社，1995 年

* 程必強、喻學儉、丁靖塏、孫漢董著《中國樟屬植物資源及其芳香成分》，雲南科技出版社，1997 年

* 鄭萬鈞主編《中國樹木志》，中國林業出版社，1997 年

* 葉如欣、莫樹門、鄒壽青主編《中國雲南闊葉樹及木材圖鑑》，雲南大學出版社，1999 年

*《紅木國家標準（GB/T18107-2000）》，中國標準出版社，2000 年

* 王長富編著《東北近代林業科技史料研究》，東北林業大學出版社，2000 年

* 李江風、袁玉江、由希堯等編著《樹木年輪水文學研究與應用》，科學出版社，2000 年

* 周鐵鋒著《中國熱帶主要經濟樹木栽培技術》，中國林業出版社，2001 年

* 張應強著《木材之流動——清代清水江下游地區的市場、權力與社會》，三聯書店，2006 年

* 劉鵬、姜笑梅、張立非編著《非洲熱帶木材》（第 2 版），中國林業出版社，2008 年

* 劉鵬、楊家駒、盧鴻俊編著《東南亞熱帶木材》（第 2 版），中國林業出版社，
  2008 年

* 姜笑梅、張立非、劉鵬編著《拉丁美洲熱帶木材》（第 2 版），中國林業出版社，
  2008 年

* 江澤慧、王慷林主編《中國棕櫚藤》，科學出版社，2013 年

* 鄭天漢、蘭思仁、江希鈿著《紅豆樹研究》，中國林業出版社， 2013 年

* 李世晉著《亞洲黃檀》，科學出版社， 2017 年

* 〔原蘇聯〕Л·М·別列雷金著《簡明木材學》，中國林業出版社， 1958 年

* 〔原蘇聯〕B·H·安季波夫著，福建師範大學外語系編譯室譯《印度尼西亞經濟
  地理區》，福建人民出版社， 1978 年

* 〔斐濟〕T·A·唐納利著，林爾蔚、陳江、周陵生、包森銘譯《斐濟地理》，商務
  印書館， 1982 年

* 〔德〕古斯塔夫·艾克（Gustav Ecke）著，薛吟譯，陳增弼校審《中國花梨家具
  圖考》，地震出版社， 1991 年

* 〔美〕愛德華·謝弗著，吳玉貴譯《唐代的外來文明》，陝西師範大學出版社，
  2005 年

* 〔美〕孟澤思著，趙珍譯，曹榮湘審校《清代森林與土地管理》，中國人民大學出
  版社， 2009 年

* 〔日〕倉田悟著《原色日本林業樹木圖鑑》，地球出版株式會社， 1973 年

* 〔日〕正宗嚴敬《海南島植物志》（改訂增補版），井上書店， 1975 年

* 吳幸、沈英、戚家偉譯，何仲麟校《南洋木材一百種》（內部發行），上海木材
  應用技術研究所， 1983 年

* 〔日〕農林省林業試驗場木材部編，孟廣潤、關福臨譯《世界有用木材 300 種》，
  中國林業出版社， 1984 年

* *"COMMERCIAL TIMBERS OF INDIA"* By R.S. Pearson & H.P. Brown,
  Government of India Central Publication Branch, Calcutta, 1932

# 跋

　　1983 年大學畢業分配於國家林業部，至今使我不能釋懷的事情有三件：

　　日本丸紅株式會社的木材專家與我們談判購買東北的紅松、柞木、水曲柳及陝西紅樺，當時中方談判專家也是 1950 年代林學院畢業的，應該知識儲備深厚，但我們幾乎回答不了對方提出的任何一個技術問題，如每一種木材哪一個林區或林業局的質量最佳，氣候、土壤及其他生長環境，木材的材色，每一厘米的年輪有多少道，幹形、缺陷，可以徑切、弦切的比例等問題。被問得呆若木雞，則為常態。

　　法國尼斯一木材商從吉林省汪清縣及周邊地區進口了約三個貨櫃的山槐木，山槐木緻密硬重，採伐後含水率較高，中方沒有採取任何人工干預措施，便直接發往法國，從寒冷的冬天發貨，到達法國已是春暖花開的季節，悶在集裝箱中的所有木材都藍變發霉，結果法國商人除了退貨外，還追加索賠。

　　榧木有數種，主要用於圍棋棋盤、棋墩、棋盒等器物的製作，對其原產地、幹形、生長環境，特別是生長於陰坡還是陽坡都有極為嚴格的要求。1990 年冬天，日本三菱物產來電傳詢問是否可以提供香榧木的資料，有無出口日本的可能性，其他並無詳細說明。我們並不清楚榧木的最終用途，查資料只知道南方多地分佈，如四川、貴州、雲南、江西、安徽、浙江、江蘇、福建等地。將基本情況回傳日本，他們只要產於雲南西部、西南部或緬甸西北部的榧木。電話咨詢雲南省林業廳辦公室，他們也並不清楚具體的產地，且從未見過或採伐過。過了幾天，日本依據 1889 年日本情報機構有關緬北、中國雲南的地形地貌、植物、礦產的分佈資料，準確告知我們，具體產地在大理以西的劍川縣或麗江。據其古舊地名判讀，即今大理以西的紅旗林業局分佈有大量野生的雲南榧木。自此，中國最優質的、野生的榧木遭到最野蠻的採伐，並以不斷下降的低價源源不斷運往日本。據稱，日本進口的榧木原料，可供其使用一百年。

我並不是林學院木材學專業畢業，大學本科專業為經濟學，但受到外國木材商的蔑視與嘲諷，腰杆直不起來，必須從頭開始學習。半年之內，我將當時林學院木材及木材加工產業的相關課本找來一一研讀，做筆記，提問題，相關術語與理論基礎知識已經掌握。同時向林業工人學習不同的原木、方材、板材的檢尺方法，質量標準，缺陷識別。能與外國木材商平等談判，除了有適合於國際市場的高品質木材外，還須懂得每一種樹木的生長環境與習性，了解不同產地的木材特徵及採伐、運輸條件，更為重要的是必須熟稔每一種木材在不同國家或地區最終的用途與市場價格，有針對性地尋找相應的木材。因為外商只會告訴你木材規格和質量要求，其他的很少涉及。

1991 年 11 月，天寒地凍，浙江富陽的一條山溝裏長滿了並不以收穫香榧籽為目的的野生或人工種植的榧樹，高數米，徑約一米左右。我們花了七天時間，才在陽坡找到了四棵合乎山田先生要求的榧樹。山田先生早年畢業於日本東京帝國大學農學部，自稱其博士論文為《榧樹辨識、採伐與運輸之正確途徑》，約 27 萬字左右。我想學問入口如此狹窄，其心必定細如牛毛，並具有敏銳而不為常人所具備的觀察外物之能力。果不其然，一棵一棵長在山溝裏的大樹都被他測量，轉着圈仰望、觀看，七天才選中四棵，可見認真與用心。給我印象最深的是，四棵中有一棵在距地面 90 厘米的主幹上有大拇指粗的一個螞蟻洞，山田一直觀察螞蟻的走向，但連續幾天的陰冷天氣，幾乎不見螞蟻蹤跡。等到天晴，氣溫稍升至 11 度左右時，又讓當地山民用火升溫，終有十來隻螞蟻外出，先向下爬，後又往上走，然後又往回至地面，一直至下午 3 點，螞蟻來回無數次，山田則在拍照、記錄，得出完整的幾頁數據，並以高價確定購買此樹。在山田的心中，此樹能做幾塊幾面徑切或一個大看面徑切的棋盤、棋墩，餘料能做多少個練習用棋盤，收益多少，早已了然。對於如何採伐，山田畫了 37 頁紙，主幹、側枝何處繫繩，樹向何方放倒，樹苑周圍刨土半徑為 1.5 米，坑深 1 米左右，樹苑主根、側根用斧頭或電鋸斷開，主幹從何處下鋸，鋸成幾段，長度多少，如何減濕、排水……，均有細得不能再細的交待。

觀木，是一門大學問，非數十年的真實經驗與積累是不可能成功的。

2007 年 11 月初，我在香港中文大學中國文化研究所做"紫檀的歷史"的學術講座，有聽者問："您所講的前所未聞，根源於何種文獻之何處？"我不假思索地回答："我所有的講座內容在書本上是找不到的，完全是依靠自己不停頓的雙腳、雙手、雙眼與大腦。"

盲女作家海倫·凱勒在《給我三天光明》中說："我常這樣地想，如果人們在早年有一段時間瞎了眼，或聾了耳，那也許是一件幸福的事。因為黑暗將使他更了解光明，無聲將使他更能享受音籟。"顧城詩中說："黑夜給了我黑色的眼睛，我卻用它尋找光明。"海倫、顧城所言似乎契合於《莊子·齊物論》"吾喪我"一說，"吾"即真我，完全擺脫了偏執的自我。生命是吾和我之間永恆的對語。

百舍重趼而不敢息。對於木材的歷史與文化之研究，應是一門年輕的學問，真正艱苦的研究還在後頭。本書的完成也是一個完整的、真實的生命體驗過程，在這一溫暖、陽光的過程中，一直受到恩師朱良志、徐天進教授的指點於鼓勵，中國文化書院的副院長李林老師及香港商務印書館的毛永波老師也一直支持、督促，才最終得以出版。我的學術研究與寫作，一直得到好朋友李忠恕、劉江、范育昕、李明輝、魏希望、崔憶、馬燕寧、符集玉、馮運天，王明珍、蔣承忠、陳建鵬、舍承宏長期的具體的幫助。還有不少老師、朋友提供木材標本及對本書的內容提供了非常具體的建議。任何美好的謝語，應該為今後研究與實踐的嚮導。只有具備紮實的功夫與澄澈不染之心，才能遇見密林中透射過來可以辨識出山方向的一縷陽光。

周 默

北京順義東府村

梓慶山房

二〇二〇‧十‧十一

# 中文索引

## 十三畫

# 外文索引